煤炭中等职业学校一体化课程改革教材

煤泥水处理
（含工作页）

郭媛媛　王晓楠　主编

应急管理出版社

·北 京·

图书在版编目（CIP）数据

煤泥水处理：含工作页/郭媛媛，王晓楠主编．--北京：应急管理出版社，2021

煤炭中等职业学校一体化课程改革教材

ISBN 978-7-5020-7367-1

Ⅰ．①煤… Ⅱ．①郭… ②王… Ⅲ．①煤泥水处理—中等专业学校—教材 Ⅳ．①TD94

中国版本图书馆 CIP 数据核字(2021)第 059999 号

煤泥水处理(含工作页)

（煤炭中等职业学校一体化课程改革教材）

主　　编	郭媛媛　王晓楠
责任编辑	罗秀全
编　　辑	田小琴
责任校对	孔青青
封面设计	罗针盘
出版发行	应急管理出版社（北京市朝阳区芍药居35号　100029）
电　　话	010-84657898（总编室）　010-84657880（读者服务部）
网　　址	www.cciph.com.cn
印　　刷	北京玥实印刷有限公司
经　　销	全国新华书店
开　　本	787mm×1092mm^1/$_{16}$　印张　$9\frac{3}{4}$　字数　224 千字
版　　次	2021 年 6 月第 1 版　2021 年 6 月第 1 次印刷
社内编号	20201778　　　　　　定价　32.00 元

版权所有　违者必究

本书如有缺页、倒页、脱页等质量问题，本社负责调换，电话:010-84657880

煤炭中等职业学校一体化课程改革教材
编审委员会

主　　　　任：	刘富昌　　王利军
常务副主任：	焦海生
副　　主　　任：	刘德有　　贺志宁　　徐景武　　侯银元
委　　　　员：	郭建文　　梁中文　　张伟民　　张秀娟　　贾　华
	郭媛媛　　石卫平　　陈江涛　　梁　克　　梁全平
	林文洁　　温俊萍　　孟维炎　　王　忆　　郭秀芳
	韩鑫创　　张海庆　　谷志刚　　岳　峰　　王晓丽
	刘才千　　郭　燕　　霍志霞　　胡金萍　　杨新佳
	侯国清　　雷海蛟
主　　　　编：	郭媛媛　　王晓楠
参　　　　编：	吕亚玉　　王晓娟

前　言

随着我国供给侧结构性改革的推进和煤炭行业去产能、调结构及资源整合步伐的加快，我国煤矿正向工业化、信息化和智能化方向发展。在这一迅速发展的进程中，加强人才引进和从业人员技术培训，打造适应新形势的技能人才队伍，是煤炭行业的迫切需要。

中职院校是系统培养技能人才的重要基地。多年来，煤炭中职院校始终紧紧围绕煤炭行业发展和劳动者就业，以满足经济社会发展和企业对技术工人的需求为办学宗旨，形成了鲜明的办学特色，为煤炭行业培养了大批生产一线高技能人才。为遵循技能人才成长规律，切实提高培养质量，进一步发挥中职院校在技能人才培养中的基础作用，从2009年开始，人力资源和社会保障部在全国部分中职院校启动了一体化课程教学改革试点工作，推进以职业活动为导向、以校企合作为基础、以综合职业能力教育培养为核心，理论教学与技能操作融会贯通的一体化课程教学改革。在这一背景下，为满足煤炭行业技能人才需要，打造高素质、高技术水平的技能人才队伍，提高煤炭中职院校教学水平，山西焦煤技师学院组织一百余位煤炭工程技术人员、煤炭生产一线优秀技术骨干和学校骨干教师，历时近五年编写了这套供煤炭中等职业学校和煤炭企业参考使用的《煤炭中等职业学校一体化课程改革教材》。

这套教材主要包括山西焦煤技师学院机电、采矿、煤化三个重点建设专业的核心课程教材，涵盖了煤炭行业最新的发展成果。教材突出了一体化教学的特色，实现了理论知识与技能训练的有机结合。希望教材的出版能够推动中职院校的一体化课程改革，为中等职业学校专业建设工作做出贡献。

《煤泥水处理（含工作页）》是这套教材中的一种。本书采用一体化模式编写，以目前普遍采用的煤炭洗选工艺和方法为基础，详细介绍了煤泥水体系的主要特性、检测方法，煤泥水处理的工艺、设备、方法及处理流程和系统维护等相关知识。对于教学内容难点和重点及其处理方法具有较好的把握，因此该书既有适合于教师教学、适合于学生认知的一面，又能符合现场实际，帮助学习者学有所获，学有所用。

本书由山西焦煤技师学院郭媛媛老师担任主编，负责全书大纲的拟定和统稿工作。其中，模块一、模块二、模块三由山西焦煤技师学院郭媛媛、王晓楠老师编写，模块四由山西焦煤技师学院王晓娟老师编写，模块五由山西焦煤技师学院吕亚玉老师编写。

煤炭中等职业学校一体化课程改革教材编审委员会

2021年2月

总 目 次

煤泥水处理 …………………………………………………………………… 1

煤泥水处理工作页 …………………………………………………………… 93

煤泥水处理

目　　次

模块一　煤泥水体系的主要性质及测定 ……………………………………………… 5

　学习任务一　煤泥水的主要性质及测定 ………………………………………… 5
　　学习活动1　明确工作任务 …………………………………………………… 5
　　学习活动2　工作前的准备 …………………………………………………… 13
　　学习活动3　现场施工 ………………………………………………………… 13

　学习任务二　煤泥水中悬浮煤泥颗粒的主要性质及测定 ……………………… 15
　　学习活动1　明确工作任务 …………………………………………………… 15
　　学习活动2　工作前的准备 …………………………………………………… 24
　　学习活动3　现场施工 ………………………………………………………… 24

模块二　煤泥水分级、浓缩与澄清设备 ……………………………………………… 27

　学习任务一　自然沉降式水力分级、浓缩与澄清设备 ………………………… 27
　　学习活动1　明确工作任务 …………………………………………………… 27
　　学习活动2　工作前的准备 …………………………………………………… 34
　　学习活动3　现场施工 ………………………………………………………… 35

　学习任务二　倾斜板沉淀设备 …………………………………………………… 38
　　学习活动1　明确工作任务 …………………………………………………… 38
　　学习活动2　工作前的准备 …………………………………………………… 41
　　学习活动3　现场施工 ………………………………………………………… 41

　学习任务三　水力旋流器 ………………………………………………………… 43
　　学习活动1　明确工作任务 …………………………………………………… 43
　　学习活动2　工作前的准备 …………………………………………………… 46
　　学习活动3　现场施工 ………………………………………………………… 46

模块三　煤泥水处理中混凝剂的使用 ………………………………………………… 50

　学习任务一　煤泥水处理中干粉状絮凝剂制备 ………………………………… 50
　　学习活动1　明确工作任务 …………………………………………………… 50
　　学习活动2　工作前的准备 …………………………………………………… 53
　　学习活动3　现场施工 ………………………………………………………… 53

　学习任务二　煤泥水处理中液态絮凝剂制备 …………………………………… 54
　　学习活动1　明确工作任务 …………………………………………………… 54

学习活动2　工作前的准备 …………………………………………… 55
　　学习活动3　现场施工 …………………………………………………… 55
　学习任务三　煤泥水处理中絮凝剂计量输送泵的使用 ……………………… 56
　　学习活动1　明确工作任务 …………………………………………… 56
　　学习活动2　工作前的准备 …………………………………………… 57
　　学习活动3　现场施工 …………………………………………………… 58

模块四　煤泥脱水及回收设备 ……………………………………………… 59

　学习任务一　脱水筛 ……………………………………………………… 59
　　学习活动1　明确工作任务 …………………………………………… 59
　　学习活动2　工作前的准备 …………………………………………… 63
　　学习活动3　现场施工 …………………………………………………… 63
　学习任务二　压滤机 ……………………………………………………… 68
　　学习活动1　明确工作任务 …………………………………………… 68
　　学习活动2　工作前的准备 …………………………………………… 72
　　学习活动3　现场施工 …………………………………………………… 72

模块五　煤泥水处理系统 ……………………………………………………… 78

　学习任务一　煤泥水处理系统流程 …………………………………………… 78
　　学习活动1　明确工作任务 …………………………………………… 78
　　学习活动2　工作前的准备 …………………………………………… 79
　　学习活动3　现场施工 …………………………………………………… 79
　学习任务二　煤泥水处理的原则及评定指标 …………………………… 84
　　学习活动1　明确工作任务 …………………………………………… 85
　　学习活动2　工作前的准备 …………………………………………… 87
　　学习活动3　现场施工 …………………………………………………… 87

模块一　煤泥水体系的主要性质及测定

煤泥水体系是一个极其复杂的系统，它的性质不仅与煤泥水中颗粒的多少、粒度分布、密度大小、矿物组成等有关，也与体系的 pH 值和水的硬度、黏度、浓度等有关。煤泥水体系的研究大致可分为物理化学性质的研究和工艺性质的研究，两者之间并没有明确的界限，前者偏重于基础研究，后者更注重于实际生产过程。

本模块对煤泥水的一些基本性质进行了论述，分析一些主要影响因素，同时对某些基本性质的测定方法进行了简单介绍，这些方法对其他细粒与水混合物同样适用。

学习任务一　煤泥水的主要性质及测定

本学习任务为中级工、高级工都应掌握的技能。

【学习目标】

(1) 通过阅读设备维护（保养）记录单和现场勘查，明确学习任务要求。

(2) 根据任务要求和实际情况，合理制订工作（学习）计划，了解煤泥水的一些基本性质和主要的影响因素，掌握对其相关性质的测定方法。

(3) 掌握煤泥水沉降特性和沉降性能实验。

【建议课时】

中级工：4 课时。高级工：8 课时。

【工作情景描述】

工作现场设备齐全，运行正常，水电使用正常安全的情况下，工作人员根据工作任务正确选择煤泥水主要性质的测定方法，按要求完成相关工作。

学习活动1　明确工作任务

【学习目标】

(1) 通过阅读设备维护（保养）记录单，明确学习任务、课时等要求。

(2) 准确记录工作现场的环境条件。

(3) 了解煤泥水的一些基本性质和主要影响因素。

(4) 掌握煤泥水的主要性质及测定方法。

【建议课时】

中级工：2 课时。高级工：4 课时。

一、工作任务

通过阅读设备维护（保养）记录单，明确学习任务、课时等要求。能根据任务要求准确记录工作现场的环境条件并了解煤泥水的一些基本性质和主要影响因素。

二、相关知识

（一）煤泥水的浓度及其表示法的换算

煤泥水的浓度是湿法选煤过程中表示煤泥和水混合物中煤泥和水（固体和液体）数量比值的一个重要参数。选煤各工艺环节的入料或产品均为不同比例的固体和液体的混合物。煤泥水处理的许多作业，如脱水、浓缩、澄清等就本质上说是改变入料或产品的浓度（在某些情况下浓度就是产品的水分）。在湿法选煤过程中，大多数环节都要掌握浓度的变化，作为控制和调整参数的依据。对某些环节而言，浓度更是必须严格控制和掌握的最终指标，在选煤厂设计时，浓度也是工艺选择、设备选型、流程计算和管道校核的依据。

常用的浓度表示有固体质量百分数、液固比、固液比及固体含量等。

1. 固体质量百分数（又称百分浓度）

固体质量百分数表示煤泥水中固体煤泥质量占煤泥水总质量的百分数，常用 C 表示。其计算方法有以下两种：

（1）用煤泥水、固体煤泥质量计算，即

$$C = \frac{T}{Q} = \frac{T}{T+W} \times 100\% \tag{1-1}$$

式中　T——煤泥水中固体煤泥的质量，g；

　　　W——煤泥水中水的质量，g；

　　　Q——煤泥水总质量，g。

也可用产品水分 W_Q 来表示固体产品所带的水分占总质量的百分数。C 和 W_Q 的关系式为

$$C = (100 - W_Q) \times 100\% \tag{1-2}$$

此法对浓度的测定比较精确且十分简单。适用于现场流程检查、实验室各种试验对浓度的测定。但矿浆需要脱水、干燥，时间较长，耗电较多，不能适应现场快速、及时的调节要求。

（2）利用煤泥的密度和煤泥水的密度计算，即

$$C = \frac{\delta(\delta_n - 1)}{\delta_n(\delta - 1)} \times 100\% \tag{1-3}$$

式中　δ——煤泥的密度（实验室预先测出），g/cm³；

　　　δ_n——煤泥水的密度，g/cm³。

2. 液固比 R_p（又称稀释度）

液固比是指煤泥水中水的质量与固体煤泥的质量比，它是一个比值，没有单位。其表达式为

$$R_p = \frac{W}{T} = \frac{Q-T}{T} \tag{1-4}$$

若已知煤泥的密度和煤泥水的密度，则有

$$R_p = \frac{\Delta(\delta - \delta_n)}{\delta(\delta_n - 1)} \tag{1-5}$$

式中 Δ——煤泥水中液体密度。

当 $\Delta = 1$ 时，则有

$$R_p = \frac{\delta - \delta_n}{\delta(\delta_n - 1)} \tag{1-6}$$

3. 固液比 R_B（又称稠度）

固液比是煤泥水中固体煤泥质量与水的质量比，它和液固比 R_p 互为倒数，即

$$R_B = \frac{T}{W} = \frac{T}{Q - T} \tag{1-7}$$

同样，当知道煤泥密度与煤泥水密度时，则有

$$R_B = \frac{\delta(\delta_n - \Delta)}{\Delta(\delta - \delta_n)} \tag{1-8}$$

当 $\Delta = 1$ 时，则有

$$R_B = \frac{\delta(\delta_n - 1)}{\delta - \delta_n} \tag{1-9}$$

4. 固体含量 g

固体含量是指 1 L 煤泥水中含有固体煤泥的克数，单位是 g/L。其表达式为

$$g = \frac{T}{V_1 + V_2} \times 1000 = \frac{T}{V_1 + \frac{T}{\delta}} \times 1000 \tag{1-10}$$

式中 V_1——煤泥水中水的体积，cm^3；

V_2——煤泥水中固体煤泥的体积，cm^3。

若已知煤泥的密度和煤泥水的密度，则有

$$g = \frac{(\delta_n - 1000)\delta}{\delta - 1} \tag{1-11}$$

5. 浓度换算

以上介绍的几种浓度表示方法使用场合不一。通常在进行流程数、质量计算时多采用液固比 R_p 和百分浓度 C，而大多数选煤厂在生产管理中习惯采用固体含量 g。由于采用的浓度单位不一样，需彼此对比和相互间进行换算，换算公式如下：

（1）已知 R_p，求 C 及 g。

$$C = \frac{1}{R_p + 1} \times 100\% \tag{1-12}$$

$$g = \frac{1000}{R_p + \frac{1}{\delta}} \tag{1-13}$$

（2）已知 C，求 R_p 及 g。

$$R_p = \frac{100 - C}{C} \tag{1-14}$$

$$g = \frac{1000C}{100 - C\left(1 - \frac{1}{\delta}\right)} \tag{1-15}$$

(3) 已知 g，求 R_p 及 C。

$$R_p = \frac{1000}{g} - \frac{1}{\delta} \tag{1-16}$$

$$C = \frac{100g}{1000 + g\left(1 - \frac{1}{\delta}\right)} \tag{1-17}$$

(二) 煤泥水的黏度及影响因素

1. 黏度

流体在运动时，在流体内部两流体层的接触面上会产生内摩擦力，阻止流体层间的相对运动，流体具有的这一性质称为黏性或黏度，这种内摩擦力称为黏性阻力，它是由于流体分子间内聚力所致。

煤泥水是由煤泥颗粒和水组成的混合液体，煤泥的含量、粒度组成、性质等方面差别较大，所以严格地说是非均质液体，不同的煤泥水由于煤泥性质的差异，表现在黏度上也有较大的差别。

如上所述，含有煤泥颗粒的煤泥水是一个二相流混合体系，是一种特殊的非牛顿流体。目前表示煤泥水性质时最多采用的指标是表示煤泥水中固体浓度的固体含量，但这是不充分的，因为在同样固体含量的条件下煤泥水体系的黏度随煤泥的性质和粒度组成的变化将会产生很大的变化。因此在评定煤泥水黏度时不仅应考虑固体含量，更应考虑颗粒间的相互影响和作用，因而"黏度"这个指标用于煤泥水时只是相对的。如果说胶体介质的黏度是由分散相的含量决定的，那么对煤泥水悬浮体系来说，煤泥水的黏度还取决于煤泥粒度不均匀性所引起的相互作用力的变化。

2. 有效黏度

考虑到非牛顿流体的复杂性及煤泥水黏度影响的相对性，为明确表达像煤泥水一类的粗分散体系的悬浮液黏度特性，有的学者建议采用一个专用术语"有效黏度"。各种不同煤泥水的有效黏度实际上是一个相对纯净水的"相对黏度"，可通过测量净水和煤泥水分别从黏度计流出的时间根据下式计算得出：

$$煤泥水有效黏度 = \frac{净水黏度 \times 净水从黏度计流出时间 \times 煤泥水密度}{煤泥水从黏度计流出时间 \times 净水密度} \tag{1-18}$$

有效黏度实际上是非牛顿流体中小于 45 μm 固体颗粒的函数，即小于 45 μm 颗粒数量和密度决定其有效黏度。当煤泥水中小于 45 μm 颗粒数量较多时，煤泥水的有效黏度将急剧增加，而当煤泥粒度大于 45 μm 时，煤泥有效黏度增加不大。

3. 影响因素

煤泥水黏度增大的一个主要原因是细颗粒所致，尤其是易泥化的矸石、矿物质等泥化解离出的各种黏土类颗粒在煤泥中积聚所致。

在实验室研究和煤泥水处理的生产实践中，通常应考虑煤泥水黏度随温度的变化，因为这种变化有时对细粒级煤泥的沉淀影响较大。

煤泥水黏度升高最主要的影响是造成颗粒在煤泥水中沉淀速度降低，细颗粒尤其如此；其次是造成煤泥和细粒产品的过滤、脱水等作业效果变坏以及各种产品的污染程度加大。

目前的选煤方法中重力选煤仍占主导,重力分选的原理就是根据不同密度、不同粒度和不同形状的颗粒在洗水(煤泥水)中的沉降速度不同而分成不同产品。对于作为分选介质的煤泥水来说,黏度的增加会使各粒级的沉降速度变慢,干扰沉降加剧,分选效率也随之降低,对细粒来说这种影响更为明显,有效分选下限加大,精煤产品灰分升高,尾煤产品灰分降低等。

对于需要浓缩、澄清的煤泥水,固液分离主要就是依靠各种粒度颗粒在水中的沉降。煤泥水黏度增大将导致各种粒度煤泥的沉降减慢,细粒级沉降甚至停止,影响了固液分离过程,降低了设备能力和分离效果。

对于需要进行各种机械脱水(如离心沉降过滤、真空过滤、压滤等)的产品,煤泥水黏度的增加将会使脱水效率降低,脱水减慢,脱水后颗粒表面附着水分增加。如果煤泥水中含有较多泥化的细泥质颗粒,它们会附着在颗粒表面或颗粒缝隙中,造成脱水产品的污染程度加大。

总之,对煤泥水黏度影响较大的几个因素分别是煤泥的固体含量、煤泥的粒度组成和煤泥的灰分。

被污染的高浓度、高黏度循环水对脱水过程也有不同的影响。一般随循环水浓度的增高、黏度的增加,筛上产品的水分也相应增高。

因此,选煤厂的流程、设备、管理制度都应该保证使循环煤泥水达到最适宜的固体含量,根据煤泥的特性不同不应高于 50~80 g/L,维持其较低的黏度和相对的稳定,防止循环过程中形成并聚集额外的细粒煤泥(小于 35 μm)从而造成煤泥水黏度增加和分选、回收、脱水效率下降。

(三) 煤泥水的化学性质及影响

煤泥水的化学性质主要包括煤泥水中溶解物的组成、酸碱度、矿化度、总盐量、硬度等,它们对煤泥的分选和煤泥水絮凝沉降有不同的影响。

1. 煤泥水中的溶解物及影响

煤泥水中的溶解物种类繁多,各厂均不相同,主要取决于原煤的性质及水质。此外,煤泥水的流程和管理方面造成的煤在水中的停留时间、煤泥水温度等均会影响溶解物的数量和种类。另外,也有一部分是由于生产过程中所添加的各种无机、有机药剂所致。

煤泥水中溶解的有机物则更复杂,一方面是来源于煤中的溶解物,另一方面是来源于各种浮选、煤泥水处理作业中添加的药剂。这些溶解物有的数量甚微,有的则以胶体形式分散在煤泥水中,对浮选、煤泥水处理的絮凝过程有一定的影响。但由于种类多、浓度低、分析困难,故对这方面研究积累的数据不多。目前已有一些文献介绍微量浮选药剂、油类及有机凝剂的测定方法,可参考环保、化工方面的测定分析方法,为进一步研究提供了手段。

此处所讨论的有机类溶解物(或者分散物)的影响主要是指残存在煤泥水中的化学药剂和絮凝剂对浮选和絮凝过程的影响。有关无机类溶解物的影响将在矿化度部分介绍。

浮选中使用的药剂有一部分没吸附到煤粒上而随尾煤排出,尾煤水经澄清后循环使用,使得这些药剂也重新返回系统。系统中残留的药剂随着煤泥水返回循环次数的增多而增加，结果是浮选药剂添加量虽然不变，但实际含量却不断提高，有时甚至会影响到浮选正常进行。实践表明，药剂在浮选尾矿中剩余浓度越小，浮选工艺越容易控制，效果也越好。剩余药剂量和药剂种类及初始浓度有关。有关研究表明，非极性烃类油在尾矿中的剩余含量常比杂极性药剂低得多。A.A.丹契娜进行了浮选尾矿水人工闭路循环试验，以查明剩余有机药剂对浮选的影响，她用每一次浮选尾矿水作为下一次浮选试验用水，采用的药剂为煤油和起泡剂，用量为 160 mg/L。经 10 次循环，尾矿水的剩余药剂浓度已达到 147 mg/L。当给药量不变时，精煤产率由 53% 增至 77%，精煤灰分从 7.4% 增至 10.76%。实际生产中由于块煤的吸附，影响不如实验室明显，但在生产中应注意剩余有机药剂的影响，改善药剂添加量以保证生产正常进行。选择药剂时，应注意选择用量小、剩余量低的药剂。

选煤厂煤泥水也会因使用高分子絮凝剂而产生累积，从而对浮选产生不同影响。我国现行的浓缩浮选流程在浮选前浓缩不使用絮凝剂就是为消除絮凝剂影响。实验室试验表明，使用聚丙烯酰胺浓度为 2.5 g/m³ 时对浮选无明显影响；浓度为 5 g/m³ 时，选择性下降、产率降低；当浓度进一步增加，浮选精煤产率和灰分都恶化；浓度为 50 g/m³ 时，浮选完全不能进行。实践中药剂量一般仅在 0.3~3 g/m³，积累很慢，对浮选无大影响，但用量大时要注意不要使浮选入料絮凝剂量大于 2.5 g/m³，以免恶化浮选。

当前多数选煤厂实行洗水闭路循环，由于原煤的变化以及添加药剂的变化，原生产水中带入的某些可溶物不断吸附在产品表面而离开体系，水中可溶物的组成及数量均不断发生变化。由于不同的可溶物对浮选、絮凝、沉降、油团絮凝等过程的影响不同，应充分掌握这些可溶物种类及数量对以上过程的影响，再通过适当方法控制、调整这些变化在最佳范围内，从而有利于各种分选、絮凝、沉降作业，有利于闭路循环和减少对环境的污染，这是煤泥水处理的一项重要工作。

2. 煤泥水的酸碱度及影响

煤泥水的酸碱度是控制浮选及煤泥水处理过程的重要因素之一，它影响煤泥的表面性质，从而直接影响分选、絮凝过程和各种药剂的作用。

一般的规律是 pH 值对矿物颗粒或煤泥表面的电性有极大影响：当 pH 值大于颗粒零电点时，矿物或煤泥表面荷负电；当 pH 值小于颗粒零电点时，矿物或煤泥表面荷正电。而矿物或煤泥表面的电性对浮选药剂、团絮药剂、絮凝药剂的表面吸附起重要作用，也对细泥在其表面的覆盖有重要影响。通常煤在等电点时浮选活性最大，pH 值为 4~8 时浮选活性较好，pH 值小于 4 时不佳，所以各种煤在中性条件下浮选效果最好，药剂量也较稳定。

对煤泥水 pH 值的测定有三种方法：

（1）指示剂法，又分为 pH 试纸法和比色法。

（2）电位测定法，即采用酸度计测量。

（3）滴定法，pH 值高，需精确测定时采用。

无论采用何种方法测定，煤泥水均需预先澄清，除去杂质颗粒和颜色以保证测量精度。

3. 煤泥水的矿化度（含盐量）、硬度及影响

矿化度通常是表示溶解在水中的固体总量，又可称为含盐量。在天然水中，矿化度一般代表无污染水体中主要阴阳离子；对受污染的水体，矿化度还包括各种无机盐类和矿物元素。

高硬度水意味着矿化度高，但高矿化度水不一定硬度就高。就影响而言，自然包括好坏两个方面，主要是对煤泥水处理中分选（浮选）、絮凝、沉降、脱水等方面影响较大。

对重选生产而言，目前尚未见到高硬度水对重选生产有较大影响的报道。据苏联对选煤厂循环水的测试结果来看，其总硬度平均在 20.6（mg·N）/L，最高达 32（mg·N）/L，这已属硬水或极硬水，但生产均正常。

对浮选生产而言，规定硬度不能太高，否则影响起泡剂皂化作用。据原苏联的研究，硬水中高分子的烷基硫酸盐类、烷基磺酸盐类和其他阴离子表面活性剂溶液的起泡能力急剧降低。当然硬水也有好的作用，有人曾研究了硬盐离子对浮选的影响，当溶液中钙离子浓度小于 100 mg/L 时，起泡能力加强，泡沫稳定性提高。但当浓度达到 400 mg/L 时，好的影响几乎消除。从另一角度看，当钙离子含量适中时，煤表面吸附钙离子能降低煤表面的电动电位，从而降低煤表面水化作用，提高浮选活性。然而，钙离子含量过高则会产生相反结果。当矿化度从 3170 mg/L 增加至 5920 mg/L 时，浮选时间缩短 20%，泡沫体积增加 36%，精煤产率增加 19.66%，尾煤灰分提高 12.5%，但精煤灰分略有升高，在这种矿化度下，对浮选过程具有强化作用。由于起泡剂性能的提高，将会降低浮选的选择性，故在高矿化度（2000~3000 mg/L）下，可能将产生不良影响。

根据煤泥水的硬度不同，煤泥水的絮凝、沉降过程已形成几种不同模式：

（1）硬度大：不加凝聚剂、絮凝剂，自然出清水。

（2）硬度较小：需加凝聚剂或者絮凝剂。

（3）硬度小、杂质多：需加凝聚剂和絮凝剂。

现许多人主张在模式（2）和（3）中尽量加凝聚剂而不加絮凝剂，或尽量多用凝聚剂（足量用药）而少加絮凝剂（亏量用药），其目的在于提高硬度和矿化度。

目前我国由于水资源短缺，尤其在西北，选煤用水取自井下水已渐增多，而井水多为高硬度和高矿化度，为此有的选煤厂为改善煤泥水的澄清效果也采用矿井水补充循环水，这种做法是值得借鉴的。我国的设计规范对硬度有规定，对矿化度没有规定，从目前选煤厂生产实践来看，高硬度和高矿化度不至于引起大的副作用。硬度和矿化度对煤泥的脱水和过滤而言，若不加助滤剂时对过滤速度影响不大；如果采用助滤剂，则会根据助滤剂品种不同而产生不同影响。硬度和矿化度对各种情形下的脱水效果及影响则很少见到报道。

（四）煤泥水的沉降特性及测定

1. 煤泥水的沉降特性

煤泥水的沉降特性研究主要包括两方面内容：一是测定煤泥水不加药剂的自然沉降性质，用煤泥水分级、浓缩作业的计算，这些作业中根据工艺要求是不能添加药剂的；二是测定煤泥水添加药剂（絮凝剂）后的絮凝沉降特性，用此特性来进行煤泥水澄清、浓缩作业的计算，而这些作业是需要添加絮凝剂来达到加速沉降的目的。此外，根据絮凝沉降试验还可得出特定条件的煤泥水所需的最佳絮凝剂种类、耗量及添加方式等，以达到最优化目的。总之，煤泥水沉降特性的测定可为选煤厂设计、改造和生产提供依据。

2. 煤泥水沉降过程的分区现象

将一定浓度煤泥水倒入玻璃量筒中，均匀搅拌后静置观察，可见由于其中不同密度、粒度和形状的颗粒沉降速度不同，引起在量筒截面上不同浓度、粒度和密度的煤泥水分层现象，如图1-1所示。

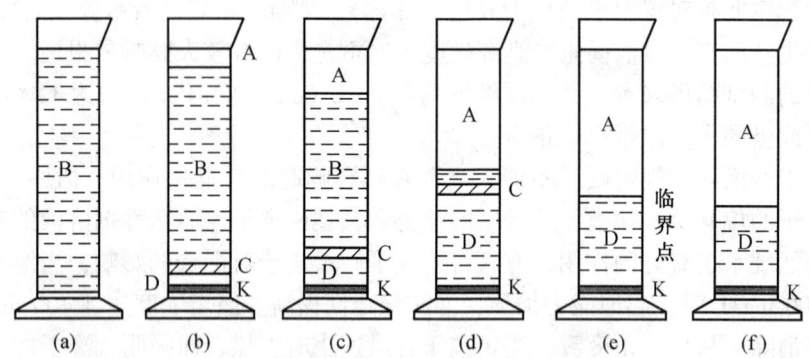

A—澄清区；B—沉降区；C—过渡区；D—压缩区；K—粗粒区
图1-1 煤泥水沉降过程的分区现象

煤泥水刚经搅拌后在浓度、粒度、密度等方面是均匀分布的，如图1-2a所示。图1-2b所示为极短时间沉降后的煤泥水，煤泥水沿量筒分成了5个区，即上层A区为澄清区，B区为沉降区（或等浓度区），C区为过渡区（或变浓度区），D区为压缩区，K区为粗粒区。整个等浓度区浓度是不变的，等于原矿浆减去因析离而沉降粗粒以后的浓度，悬浮的颗粒在自身重力作用下沉降。沉降的结果是澄清区和等浓度区之间有一个清晰的界面（又称澄清界面）。随沉降过程的进行，澄清区高度逐渐增加，压缩区高度也逐渐增加，而等浓度区高度逐渐减小，直至消除，只剩下A区和D区。随A区增加和B区减小，澄清界面逐渐往下移动，它的下移速度就等于颗粒的平均沉降速度。实际上，煤泥水的沉降特性测定就是根据煤泥水沉降产生的分区现象来进行的。

3. 煤泥水沉降试验中试样的采样和制备

在选煤厂生产过程中，若试验的对象为某工艺环节的煤泥水，应该在生产正常的情况下，在该环节流动的煤泥水料流的全宽和全厚截取试样。如果煤泥水沉降特性为设计选煤厂用，可从设计厂附近的流程相同或相似的选煤厂按以上方法采样，也可按《煤和矸石泥化试验方法》(MT/T 109—1996) 中转筒泥化装置，模拟所选流程的生产条件制备煤泥水样。

在进行煤泥水沉降特性测定的同时，为了进一步理解煤泥水沉降特性和解释沉降效果，还需进行煤泥和煤泥水组成以及特性方面的测定，包括煤泥的粒度组成、真密度、0.074 mm的显微组分定量分析（有机组分、无机组分、泥质黏土类、硫化物类、碳酸盐类、氧化硅类）、水质分析（总矿物含量、硬度、pH值、阳离子含量、阴离子含量）、溶解性固体的测定，为同时进行这些分析，需用同一煤泥水样缩分。

此外，无论是从现场采集来的煤泥水还是制备的煤泥水，最好是现采（现制）现用，不要放置时间过长。一般情况下，不允许用现场采集来的煤泥水烘干后再做试验，以免煤泥水的粒度组成、黏度、水质发生变化。

（五）煤和矸石的泥化特性及影响

煤和矸石的泥化是指煤或矸石浸水后碎散成细泥的现象。因此，煤和矸石的泥化特性通常包括两个含义：一是原煤在分选过程中再粉碎和产生次生煤泥；二是煤和矸石在分选条件下产生微细泥质颗粒。煤和矸石的泥化原因比较复杂，一般可分为物理原因和化学原因两种。

煤和矸石的泥化特性与选煤的工艺过程有着密切的关系，在煤炭分选加工的广度和深度两个方面都日趋完善的情况下，泥化特性对煤炭的分选加工以及对煤泥水处理的影响日益受到关注，煤和矸石的泥化特性的试验资料已成为设计选煤厂的重要基础资料之一。

煤和矸石泥化后产生细泥，造成煤泥水黏度增加，降低沉降分离效率，影响过滤脱水效果，污染了分选指标，给煤泥水处理带来一系列不利影响。根据模拟现场和新厂设计时的条件进行的泥化试验所提供的煤和矸石泥化方面的特性，选择合适的方法减轻泥化或者使产生的泥化尽快消除，是煤泥水处理中考虑的重要因素。

研究表明，煤中几乎所有的黏土类矿物都会产生泥化现象。泥化程度与煤化程度、矸石类型及特点、所用介质等有一定的关系，煤化程度低的煤层中常含有易泥化的岩石。黏土矿物的钠离子含量越高，泥化越严重，遇水初期泥化速度快；清水中的泥化速度快；另外岩石粒度对泥化作用影响也较大。

学习活动2 工作前的准备

一、工具

本活动不使用工具。

二、仪器与设备

量筒（容积为500 mL或1000 mL）、烧杯（容量为500 mL）、天平、秒表、透光率测量仪。

三、材料与资料

《选煤厂安全规程》《选煤厂工人技术操作规程》《选煤厂煤泥水处理》。

学习活动3 现 场 施 工

【学习目标】
（1）熟练掌握本活动安全知识，并按照安全要求进行操作。
（2）按照国标正确进行煤泥水沉降速度实验操作并记录分析实验结果。

【建议课时】
中级工：2课时。高级工：4课时。

一、工作任务

学生通过学习可以学会并掌握煤泥水沉降实验的操作方法，学会观察澄清层高度，能根据实验结果绘制沉降特性曲线。

二、相关知识

1. 实验原理

将一定浓度煤泥水倒入玻璃量筒中,均匀搅拌后静置观察,可见由于其中不同密度、粒度和形状的颗粒沉降速度不同,引起在量筒截面上不同浓度、粒度和密度的煤泥水分层现象,煤泥沉降过程中出现澄清界面,由澄清界面的下降速度可绘出沉降时间与澄清界面下降距离的曲线——沉降曲线。

2. 实验步骤

(1) 取煤样 40 g。

(2) 将称好的煤样倒入 500 mL 量筒中,注入少量清水进行润湿并上下倒置,直至煤样全部润湿并分散在水中为止,继续添加清水到 500 mL 刻度值。

(3) 普通坐标纸制成纸带,粘在 500 mL 量筒壁上,以页面为原点,单位为 mm,方向向下建立纵坐标系。

(4) 用注射器吸取 1 mL 絮凝剂,加入量筒内。

(5) 将量筒上下翻转 5 次,转速以每次翻转时气泡上升完毕为止。

(6) 当翻转结束后,迅速将量筒立于桌面静止,并立即开始计时。

(7) 每经过 5~10 s 记录一次澄清界面的下降位置。开始时沉降速度较快,以 5 s 为记录间隔,待澄清界面接近压缩区时,再以 10 s 为记录间隔,直至沉淀物的压缩体积不发生明显变化时为止。

(8) 依次进行絮凝剂用量为 1.5 mL、2.0 mL、2.5 mL 实验。

3. 数据记录(表 1-1)

表 1-1 煤泥水沉降实验记录表

煤泥水来源:　　　　　　　　　　　　现配煤泥水浓度:8%
取样日期:　　　　　　　　　　　　　实验日期:

序号	絮凝剂 1‰							
	1 mL		1.5 mL		2 mL		2.5 mL	
	时间	距离	时间	距离	时间	距离	时间	距离
1								
2								
3								
4								
5								
6								
7								
上清液浓度/(g·L^{-1})								
沉积物高度/cm								

学习任务二　煤泥水中悬浮煤泥颗粒的主要性质及测定

【学习目标】

本学习任务为中级工、高级工都应掌握的技能。

（1）通过阅读设备维护（保养）记录单和现场勘查，明确学习任务要求。

（2）根据任务要求和实际情况，合理制订工作（学习）计划。

（3）了解煤泥水中悬浮煤泥颗粒的主要性质和主要影响因素，掌握对其相关性质的测定方法。

（4）掌握煤粉筛分实验操作并记录分析实验结果。

【建议课时】

中级工：4课时。高级工：6课时。

【工作情景描述】

某选煤厂需要对煤粉进行筛分，工作人员接到任务后，按要求完成相关工作。

学习活动1　明确工作任务

【学习目标】

（1）通过阅读设备维护（保养）记录单，明确学习任务、课时等要求。

（2）准确记录工作现场的环境条件。

（3）了解煤泥水中悬浮煤泥颗粒的主要性质和主要影响因素，掌握对其相关性质的测定方法。

（4）掌握煤泥水中常用粒度分析方法及注意事项。

【建议课时】

中级工：2课时。高级工：2课时。

一、工作任务

学生可以通过阅读设备维护（保养）记录单，明确学习任务、课时等要求；能准确根据工作任务记录工作现场的环境条件；了解煤泥水中悬浮煤泥颗粒的主要性质和主要影响因素。

二、相关知识

（一）概述

通常将0～0.5 mm的煤或矸石产品称为煤泥。一般认为0.5 mm是煤泥的粒度上限，通常在炼焦煤选煤厂称0.5 mm为重选下限、浮选上限，经过浮选得出的精煤不再称为煤泥。所以煤泥是指0.5 mm以下没有经过分选的细粒煤或者指经过分选后得出的尾煤产品。有的动力煤选煤厂因为无浮选，常将1 mm作为煤泥的粒度上限。

选煤厂的煤泥按粒度可分为两类，即大于45 μm的粗粒煤泥和小于45 μm的细粒煤泥。粗粒煤泥的沉淀、回收、分选、脱水都较容易，而细粒煤泥在煤泥水中能使煤泥水的许多性质发生急剧变化，给煤泥水处理各作业带来极大困难，是煤泥水处理中最难处理的部分。

选煤厂的煤泥来源有两种：原生煤泥和次生煤泥。原生煤泥是由于原煤在开采、运输过程中由于颗粒被破碎、磨蚀，粒度变细所致；次生煤泥是原煤进入选煤厂后伴随着对原煤的一系列破碎、重选和输送过程中产生的粉碎、磨碎以及在水中泥化所产生的。尽管各选煤厂的工艺流程不同，但除了重选产品带出一部分煤泥外，其余的全部进入煤泥水处理系统，选煤厂煤泥的来源及去向示意图如图1-2所示。

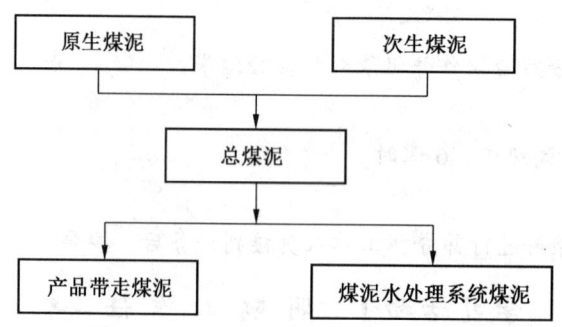

图1-2 选煤厂煤泥来源和去向示意图

进入煤泥水处理系统的煤泥一部分被专门设计的流程和设备回收（如洗水不闭路），一部分随外排水流失，另一部分（主要是细粒级）则在煤泥水系统中循环。煤泥水处理效果好时，系统能够尽快、尽可能多地从煤泥水中回收煤泥，不流失煤泥，少循环或不循环煤泥。

煤泥的形成主要与原煤和矸石的物理性质、所采用的工艺流程以及煤泥水处理的系统有关。物理性质主要包括脆性、硬度、可磨性和泥化性等。煤炭分选的工艺流程和煤泥水处理系统的特点决定了煤、矸石以及煤泥在水中浸泡、停留的时间，碰撞、摩擦的次数，煤泥循环和集聚的数量。

煤泥水中煤泥颗粒的基本性质是煤泥水处理工艺中一切工作的基础。颗粒的沉降、过滤、脱水等二次性质均是由颗粒的基本性质（如粒度、密度、形状等）所决定的。了解这些性质对煤泥水处理的设计、操作和管理来说都是很重要的。

（二）煤泥的粒度组成和形状

1. 单个颗粒粒度和形状

煤泥的粒度是指煤泥颗粒的大小量度，一般用mm或μm作单位，实践中常用颗粒的直径表示其粒度大小，对规则的球形颗粒来说实际直径就表示其粒度，但对于不规则形状的颗粒，实际上没有直径，只能通过某些测量和计算求出某种"平均直径"或"等效直径"表示其粒度，一般先测其长度、宽度、厚度，然后用下式计算其平均直径d，即

$$d = \frac{长+宽+厚}{3} \tag{1-19}$$

上式也可以表示为

$$d = \sqrt[3]{长 \times 宽 \times 厚} \tag{1-20}$$

由于煤泥颗粒往往是不规则形状，并且实际测定这些颗粒的长、宽、厚十分困难以及结果不一，实际中常采用的测定颗粒的"演算直径"或"名义直径"是利用测量某些与颗粒大小有关的性质再推导而来的。例如，利用测定某个不规则颗粒的沉降特性，再导出与其等效的球形颗粒直径。用此球形颗粒的直径来表示不规则颗粒的直径。对于不规则颗粒的直径由于采用不同的方法来测定，因而所推导出来的"直径"结果不一，表示意义也不同。因此，所选用的方法要尽可能反映出我们所希望控制的工艺过程，或者说所选方法测得的粒度与所控制的性质或过程关系要最密切。

1）颗粒的名义直径

通常采用的名义直径有三种：当量球直径、当量圆直径和统计直径。当量球直径是指与不规则颗粒某些性质（如体积、表面积、沉降速度、筛分直径）相同的球的直径，根据各种性质所得出的当量球直径是各不相同的，它们分别被定义为体积直径、表面积直径、自由沉降直径、斯托克斯直径、筛分直径等。当量圆直径是指与不规则颗粒投影轮廓性质相同的圆的直径，如投影面积、轮廓周长相同的圆的直径被称为投影面积直径、周长直径。统计直径是指与某个固定方向平行测得的颗粒的长度尺寸，表示方法有费雷得直径、马丁直径等。

煤泥水处理的颗粒研究中采用哪种直径（即哪种方法）适宜，必须仔细考虑哪种量度的粒度与所控制的性质或过程关系最密切。例如，在以颗粒相对于流体运动为控制机理的固液分离方法（如重力沉降、离心沉降或水力旋流器等），一般是测定自由沉降直径，采用测定斯托克斯直径的方法（沉降或流体分级法）是最合适的。而在煤泥的过滤与分离机制中关系最密切的是表面积直径（用渗透法测量）。

在单个颗粒的测定中，显微法被广泛采用。由于每个颗粒有无数不同方向的直线长度（即具有无限个统计直径），只有将这些量度平均才能得到有意义的数据，否则相同直径的颗粒可能具有非常不同的形状。

2）颗粒的形状

颗粒形状的研究是一个十分复杂的问题。煤泥颗粒的形状对它在介质中的界面化学行为、沉降行为、过滤行为、流变行为等有重要影响，在此只能作简单定性说明，这些关系很少有定量的研究。定性的术语可以用来表明某些颗粒形状的性质（图1-3），但是定性地描述往往难以确切，更不利于数学处理，因此对颗粒形状的定量描述一直是人们悉心探

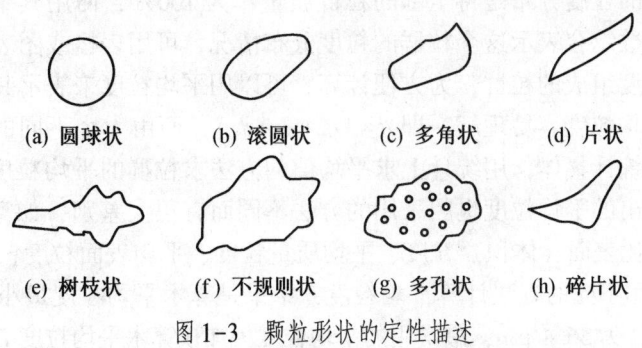

图1-3　颗粒形状的定性描述

讨的课题。而对于不同形状颗粒在不同行为中的定量研究更是非常复杂的问题，通常是通过形状系数的引入和采用这些不同的形状系数来对不同方法测定的粒度以及不同形状的粒度在不同过程中行为的定性、定量研究（如煤泥水中分散体及絮团形状）使我们能够深入了解行为的进行过程，而且可以逐步提供控制该过程的有效手段。

在描述颗粒形状方面，现采用较多的是面积 S 和体积 V 导出的形状系数。形状系数主要有面积形状系数、体积形状系数、比表面形状系数三类，其表达式分别为

$$面积形状系数 = \frac{S}{d_n^2} = \pi \frac{d_s^2}{d_n^2} \qquad (1-21)$$

式中　d_n——颗粒名义直径（随采用方法不同而变化，对理想球体 $d_s = d_n$）；
　　　d_s——面积直径。

$$体积形状系数 = \frac{V}{d^3} = \frac{\pi}{6} \frac{d_v^3}{d_n^3} \qquad (1-22)$$

式中　d_v——体积直径（对于理想球体，$d_v = d_n$）。

$$比表面形状系数 = S_V d_n \qquad (1-23)$$

$$S_V = \frac{S}{V}$$

式中　S_V——体积比表面（即面积和体积之比）。

2. 粒级和粒度组成

1）粒度的表征

选煤厂的原煤或煤泥是由无数大小不一、形状各异的颗粒混合而成的松散物料（或称粒群），大的可到上千毫米，小的则只有几微米。对单个颗粒可用其粒径表示，而对混合粒群来说则只能用粒级、粒度组成和平均粒度等来表示其粒度情况。

粒级是用某种分级方法（如筛分、水析）将粒度范围宽的粒群分为粒度范围窄的若干级别，常以上限尺寸 d_1 和下限尺寸 d_2 表示，如 $d_1 \sim d_2$、$d_2 \sim d_1$ 或 $-d_1 + d_2$。

粒度组成也可称为粒度分布，是表示一个粒群里各粒级所占的百分数，粒度分布有三种测量基准：基于测定颗粒个数的粒度分布称为个数基准分布；基于测定质量的粒度分布称为质量基准分布；基于测定表面积的粒度分布称为表面积基准分布。在颗粒分布图上三者形状很不相同。选矿、选煤实践中主要采用质量基准分布，但对某些过程（如煤泥水过滤、浮选），表面基准分布可能更为适用。

煤泥水处理中的粒度分布是将全部的粒群质量作为 100%，而用其中每个粒级的质量占粒群质量的百分数综合表示这个粒群的粒度分布情况，可用表格或图表形式直观表示。

对于由不同粒度组成的粒群，为方便计算，可以用平均粒度来表示其大小。

某个粒级的平均粒度容易理解，即 $d = 1/2(d_1 + d_2)$，而由大小不同的粒级组成的混合粒群可以看作一个统计集体，用统计上求平均值的方法求粒群的平均粒度。求平均粒度的方法多种多样，求出的平均粒度也因采用的方法不同而有很大差别，如算术平均粒度、平均长度粒度、平均比表面（体积）粒度、平均质量粒度、平均表面粒度、平均体积粒度等，有人曾对同一粒群用不同的方法计算平均粒度，结果是算术平均粒度最小，仅为 3 μm，而平均质量粒度最大，为 36.4 μm，最常用的平均粒度为加权算术平均粒度 $D_{平}$，即

$$D_{平} = \frac{\sum r_i d_i}{\sum r_i} \tag{1-24}$$

式中 r_i——各粒级质量百分率；

d_i——各粒级平均粒径。

在计算平均粒度时，如果混合粒群的粒级分得越窄，求得的平均粒度越准确，对于窄级别可以采用 $d=1/2(d_1+d_2)$，其前提是 d_1/d_2 的值小于2。

平均粒度虽然能反映出一批物料群的平均大小，是从一个方面描述该批物料的特征，但它提供的信息有限，不能完全说明该批物料的粒度性质，应尽量避免采用。对粒群的粒度描述最好采用粒度分布曲线。

2）粒度分布曲线

煤泥的粒群或选煤厂破碎产品的粒度分布有一定的规律可循，求出此种分布的最简单方法是筛分分析或水析。通过粒度分析可以直接获得煤泥的粒度组成及粒度分布的信息，其中最常用的是采用表示松散物料粒度组成的图形，即各种粒度分布特性曲线的方法。

在直角坐标上根据各粒级产率而绘制的粒度特性曲线称为部分粒度特性曲线，而根据各粒级累积产率绘制的粒度特性曲线称为累积粒度特性曲线。

3）粒度分布函数

粒度分布函数即粒度分布方程式，是用数学表达式来表征碎散物料粒度分布情况，用这样的方程式可以方便地解决许多问题，如确定任一粒级中的颗粒数目、颗粒表面和比表面等。

至今，人们提出了许多种粒度分布方程式，它们在对于不同物料的适用性、灵活性和不同粒度区间各有一定的特性，但还没有一种公式具有对广泛粒度范围的通用性。洛金—拉姆勒公式在煤泥的粒度特性表征方面被采用，经验证，我国选煤厂的煤泥基本符合该方程式。

洛金—拉姆勒公式，其表达式为

$$R = 100e^{-bx^n} \tag{1-25}$$

式中 R——大于 x 级的累积产率，%；

x——筛孔尺寸；

b、n——决定于物料性质和 x 值的因次参数。

该公式具有较广泛的用途，对于煤泥（粉）、水煤浆及大多数物料有较好的适应性。

(三) 煤泥水处理中常用粒度分析方法

粒度分析是指测定物料粒度组成或粒度分布以及比表面等直接或间接了解物料粒度特性的工作。对煤泥的粒度特性测定是煤泥水处理中设备选择、流程计算和选择以及煤泥利用等方面所必须进行的前提工作。

不同测定方法测出的有的是平均直径，有的是粒度分布；有的是干法，有的是湿法；有的直接，有的间接。总之，根据粒度粗细选用粒度分析方法时，应尽可能反映出所希望控制的工艺过程。现对几种常用方法进行简单介绍。

1. 筛分分析

筛分分析是选煤厂煤炭产品粒度分析最常用的方法，是利用筛孔大小不同的一组套筛进行粒度分析得到颗粒几何尺寸。该方法的优点是便于操作，一般干法可筛至 80 μm，再细时最好用湿筛。如今用光电技术制造的微孔筛可湿筛到 10 μm。其主要缺点是受颗粒形状影响大。

为使筛分结果反映所代表物料性质，煤样的采样和缩分须按《商品煤样人工采取方法》(GB 475—2008) 和《煤样的制备方法》(GB 474—2008) 执行，具体的筛分过程按《煤炭筛分试验方法》(GB/T 477—2008) 执行。煤泥的筛分试验采用标准套筛，筛分级别为大于 0.5 mm、0.5~0.25 mm、0.25~0.125 mm、0.125~0.075 mm、0.075~0.045 mm、小于 0.045 mm 等粒级。

将筛分试验结果填入表格并化验灰分，必要时绘制粒度特性曲线。标准上建议采用洛金—拉姆勒特性曲线。选矿上多采用一般的累积粒度特性曲线法，绘在简单的坐标或对数坐标上。

2. 沉降分析

沉降分析是测定小于 0.074 mm 级物料粒度组成的常用方法。对于传统的煤泥水处理工艺，有时对小于 0.074 mm 不做进一步粒度分析，但随着煤炭加工利用的进一步发展许多工艺需要这方面的信息，如水煤浆制备及超细粒脱硫等。

沉降分析是通过颗粒在适宜介质中的沉降速度来计算颗粒尺寸的。沉降分析法的类型很多，有重力沉降和离心沉降；有液体沉降和气体沉降；有静态沉降和动态沉降。例如，属于静态重力沉降的吸管法、密度计法、压力法、浊度法等是根据均匀分散在静止悬浮液中的物料颗粒在自由沉降过程中引起的液体浓度、浮力、压力和光透过能力等物理参数的变化，通过测定这种变化规律，反映物料的粒度组成。离心沉降法主要适用于测定更细、靠重力难以完全沉降的物料。在流体（气体或液体）中进行物料分级的所谓动态沉降法主要有连续水析仪、串联旋流分级器、风力离心分级器等。

沉降分析原理简单，测定范围宽（0.02~250 μm），测量结果的统计性和再现性高，所以被普遍采用。常用的方法是沉积法、淘析法、流体水析法。沉积法不能分出各个单独产品，但能较快测出细度和比表面积。淘析法和流体水析法可以直接得到各粒度的产品，因此在选矿领域采用较多。

沉降分析常采用水、乙醇、水+甘油、乙醇+甘油、苯、醚、甲苯、丙酮等作为介质。为防止细粒凝聚或结成大颗粒，常需添加六偏磷酸钠、焦磷酸钠、水玻璃、氨水和氯化铵等作为分散剂。分散方法有超声波、搅拌器、减压沸腾、抽真空脱气、介质中长时间混合等，也可以几种方法联用。

沉降分析通常要求在稀悬浮液中进行，以保证悬浮液中的固体颗粒能自由沉降，互不干涉，以保证测定的准确性。由于一般仅对小于 0.1 mm 的物料进行沉降分析，故可按斯托克斯公式计算其沉降速度：

$$v = \frac{h}{t} = \frac{(\delta - \Delta)g}{18\mu}d^2 \tag{1-26}$$

式中　h——沉降距离，cm；

　　　t——沉降时间，s；

　　　δ——固体颗粒密度，g/cm³。

若以水为介质，则

$$d = \sqrt{\frac{h}{5450(\delta - 1)t}} \tag{1-27}$$

式中 h 的选择，应使 t 不过长或过短。一般对沉降速度小的微粒部分，h 要求要小些；相反，对粗粒度时 h 要大些。通常 h 最小不能小于在该容器中液：固 = 6∶1（对于泥质物为 10∶1）时所具有的高度。

式（1-27）只适用于一定粒度范围内的理想球体，并应进行形状系数的校正，但在实际工作中，为简单起见常用与试样颗粒具有相同沉降速度的球体直径表示颗粒粒度，这个粒度称为等效直径或当量直径，有时也叫斯托克斯直径。如果介质不是水，或者是在不同的温度时，介质黏度应取不同值。

如煤泥试样是不同密度颗粒的混合物，在计算 d 时，δ 的选取应合理，否则算出的 d 值不同，可以实测值为准并注明所用的 δ，以便用等沉比换算。

有关沉降分析的沉积、淘析、连续水析、旋流水析等具体仪器的结构特点和操作使用在说明书中均有详细介绍。

3. 计数法分析

计数法分析是近年来随着仪器分析的发展而逐渐兴起的一门高新技术，在分析速度、准确性、自动化方面比传统的均有很大提高，但目前的价格比较高。

所谓计数法是指直接统计不同粒度个数的方法，分为直接法和间接法两类。直接法是直接对粒子进行计量和统计；间接法是对粒子的图像进行测定和统计，又称图像法。直接法可进一步分为机械计数法和场干扰法。机械计数法包括对大颗粒的直接测量到利用拾音器测定粒子冲击器壁时振动强度的声学方法等各种人工的和机械的测定方法。场干扰法是利用固体颗粒穿过某一物理场（电、磁、声、光等）时引起场强度的变化原理，借助输出脉冲信号，统计不同粒子的数量。间接法包括宏观照相术、显微镜分析、透射和扫描电子显微镜分析、电子探针等。目前，间接图像计数法的发展趋势是利用透射和扫描电子显微镜以及电子探针等仪器来解决光学显微镜下不能进行微细粒的粒度分析的问题。另外，在光学和电子显微镜上配置可自动测量和记录的粒度分析器，以大大减轻观测者的劳累程度和提高测定的速度和精度。

（四）煤泥的密度组成

煤泥是由各种不同密度颗粒组成的混合体。对这样的混合体，可通过适当方法将其按不同密度范围分成若干密度级别，再经过称重和化验，便可得出各密度级物料的数量和质量（如灰分、硫分等），这就是煤泥的密度组成。密度组成体现了煤泥粒群中不同密度级别物料的数量和质量分布。煤泥的密度测定又称小浮沉。

1. 测定意义

通过煤泥的密度组成评价煤泥的可选性，这对于按密度分选的作业有指导意义。把它和 0.5 mm 以上的浮沉资料综合在一起，作为评价原煤可选性的资料，并以此作为评定全厂分选效果的基础。

此外，煤泥作为一种产品，密度组成是对其进行加工利用的一个重要质量指标。正如上面所说，煤泥的密度组成体现了其中矿物杂质含量的多少，也决定了煤泥的用途和价值。总之，通过煤泥的密度组成测定，可以确定煤泥在分选、回收、加工与利用等方面的性质和难易程度，为煤泥水处理提供有利依据。

2. 密度组成的特点

通过大量煤泥密度组成的测定来看，各种煤泥的密度组成差别较大。一是表现在各密度级的数量上，如浮选入料和浮选尾煤；二是表现在各密度级的质量（即灰分）上，同是小于 1.3 g/cm^3 密度级，不同煤泥的灰分可能有较大差别，这是由于不同的基元灰分所致。

我国煤中低密度级基元灰分偏高，中间密度级含量较高，这就造成我国煤泥质量偏差，浮选效果较差，表现出难浮特征，浮出的精煤灰分也偏高。一般是随密度的增加，组成煤中有机质的碳、氢、氮三元素含量下降，而相应的劣质煤岩和无机矿物质含量增高，发热量降低。

（五）煤泥的矿物组成及影响

1. 煤泥的矿物组成

煤泥的矿物组成是指煤泥中无机矿物的种类和数量分布。如同煤泥的粒度组成和密度组成一样，煤泥又是一个以多种无机物杂质和有机质煤颗粒组成的混合体。煤的矿物组成往往很复杂，这是由于煤本身矿物组成就很复杂所致，通常随煤的种类、产地、煤层分布、采选方法等而变化，一般资料上很少见到煤泥的矿相分析。一般来说，煤中矿物质不同程度地在煤泥中均有分布，见表1-2。

表1-2 煤中的矿物质分布

组别	矿 物 质
页岩组	伊利石、蒙脱石、漂云母、白云母、水云母
高岭土组	高岭石、准埃洛石
硫化物组	黄铁矿、白铁矿
碳酸盐组	方解石、蓝石英、白云石、铁白云石
氯化物组	天然氯化钠、天然氯化钾
次要矿物类	石英、石膏、绿泥石、金红石、赤铁矿、磁铁矿、闪锌矿、长石、石榴石、角闪石、绿帘石、黑云母、辉石、铁绿泥石、硬水铝石、纤铁矿、重晶石、蓝晶石、十字石、黄玉、电气石、叶蜡石、叶绿泥石

煤中矿物质的来源和分布特性影响煤泥的矿物组成，通常将煤中的矿物质分为以下三类。

（1）原生矿物质：即结构矿物质，是成煤植物本身所含的矿物，主要是碱金属或碱土金属盐类，含量在 1%～2% 之间，对煤泥或煤泥水处理影响不是很大，且机械方法也无法分离。

（2）次生矿物质：是成煤过程中由外界混入煤层中的高岭土、黄铁矿、方解石、石英、长石、云母等矿物，它们通常在煤中的嵌布状态为煤层中的矿物夹层、包裹体、细粒分布在煤基质中的浸染状和充填于煤裂隙中充填矿物。嵌布状态对矿物质在煤泥中分布有很大影响。

(3) 外来矿物质：指开采过程中混入的顶板、底板或夹矸，主要是碳酸盐、硅酸盐类。次生和外来矿物质在开采、运输、分选过程中因破碎、碰撞、泥化等均会进入煤泥中，另外煤中矿物成分本身很复杂且含量变化很大，从百分之几到百分之几十不等，这都决定了煤泥中矿物组分的复杂和多变，使得煤泥中矿物组成的分析、测定更加困难。

2. 煤泥矿物组成的影响

煤泥的矿物组成是确定煤泥分选、脱水、加工利用的重要因素，对煤泥水处理影响很大。

有人在显微镜下观察煤泥，一些细粒往往具有某种矿物特有的外形，常见的有石英、方解石、黄铁矿和黏土类矿物。从目前的研究看，煤泥中矿物组分即矿物质对煤泥水处理影响最大的是黏土类矿物，其次是硫化矿类。黏土类矿物主要包括高岭土、水云母、蒙脱石、绿泥石、伊利石等，且多为片状矿物，均为易泥化的物质。这些组分使煤泥水中微细颗粒泥质物含量显著增高，也可以说黏土类矿物的种类、数量和性质决定了煤泥水处理各作业的效果和难易程度。

黏土类矿物及泥化对煤泥水处理的不利影响，如难以沉降分离、恶化浮选过程、过滤脱水困难等，选煤厂煤泥水处理的困难也主要在此。要保证洗水平衡，实现闭路循环，就要及时将这些黏土类泥化的颗粒及时从煤泥水系统中排出，避免其恶性循环。

硫化矿物主要为黄铁矿、白铁矿和黄铜矿，尤其是黄铁矿在煤泥中的数量、性质决定了煤泥的价值、脱除效果及利用的潜力。我国高硫煤中含有的硫化矿物 2/3 为黄铁矿硫，且多以细粒嵌布为主，须破碎到 1~3 mm 方能使煤和黄铁矿较多地解离。我国现已探明的一次性能源总储量中有 90% 是煤炭，而煤炭总储量的 1/3 是高硫煤，这就决定了我国作为世界头号产煤、用煤、排放 SO_2 的大国在脱硫时应以细粒黄铁矿为主。从细粒煤泥中脱除黄铁矿也是我国现今实施"洁净煤技术"和煤炭可持续发展战略最经济、最有效、最有基础的方法之一，这也会成为今后煤泥水处理中一项重要任务。

3. 煤泥中的矿物组分分析

矿物组分分析是确定煤泥中存在何种矿物，该矿物的含量、嵌布特性和相互间共生关系。

由于煤中矿物质种类繁多，难以确定，所以在一般场合下很少精确测定。现随着煤炭综合利用的广泛开展，矿物组分测定开始被重视。归纳起来有以下几类。

1）物相分析

物相分析的原理是利用试样中各种矿物在各种溶剂中的溶解度和溶解速度不同，采用不同浓度的各种溶剂在不同条件下处理所分析的试样，使矿石中各种矿物组分分离，从而测出试样中所含矿物种类及含量。

2）岩矿鉴定

通过肉眼显微镜鉴定或其他特殊方法直接观察试样中存在哪些矿物，矿物的结构特征、含量等。同物相分析相比，该方法可测定矿物组分的空间分布及嵌布特性，测定矿物单体解离度。

3）特殊的仪器分析方法

对于元素赋存状态比较简单、矿物组分较少矿物的测定，采用物相分析、岩矿鉴定即可；对于赋存状态和矿物组分复杂的情形，则需采用某些特殊的方法或新方法，主要有热分析、X射线衍射分析、电子显微镜、极谱、电渗析、激光显微光谱、离子探针、电子探针、红外光谱、拉曼光谱、电子顺磁共振谱、核磁共振波谱、穆斯鲍尔谱等，一般遵从以下原则：

（1）如试样中含有新矿物，可借助电子探针、X射线衍射、电子顺磁共振谱等综合分析确定。

（2）不易辨认的矿物组分需借助X射线衍射分辨。

（3）黏土类和碳酸盐矿物加热时变化显著，可用热分析、X射线衍射、电子显微镜等联合分析。

（4）颗粒极细时可借助电子显微镜、电子探针、离子探针、激光显微光谱仪等。

（六）其他性质

煤泥颗粒对煤泥水处理有影响的因素还有许多，如颗粒的表面能、颗粒的吸附性质、颗粒的润湿性、颗粒的电性质、颗粒的分散与絮凝特性等。

学习活动2 工作前的准备

一、工具

本活动不使用工具。

二、仪器与设备

电子台秤（量程250～500 g，感量0.1 g）、干燥设备、恒温箱（调温范围50～200 ℃）、小筛分选用的试验筛（应符合《试验筛 技术要求和检验》第1部分：金属丝编织网试验筛（GB/T 6003.1—2012）和《试验筛 金属丝编织网、穿孔板和电成型薄板 筛孔的基本尺寸》（GB/T 6005—2008）的规定，筛孔孔径分别为0.500 mm、0.250 mm、0.125 mm、0.075 mm、0.045 mm；如果不能满足要求，筛孔孔径可增加0.355 mm、0.180 mm和0.090 mm）。

三、材料与资料

《选煤厂安全规程》《选煤厂工人技术操作规程》《选煤厂煤泥水处理》。

学习活动3 现场施工

【学习目标】

（1）熟练掌握本活动安全知识，并按照安全要求进行操作。

（2）按照国标正确进行煤粉筛分实验操作并记录分析实验结果。

【建议课时】

中级工：2课时。高级工：4课时。

一、工作任务

完成煤粉筛分试验（又称为小筛分试验，也叫标准筛筛分法）。该试验用于测定粒度小于 0.5 mm 烟煤和无烟煤的煤粉的各粒级产率和质量,目的是测定煤粉粒度组成,了解煤粉中各粒级的质量特征。

二、相关知识

（一）试验步骤

（1）把煤样在温度不高于 75 ℃ 的恒温箱内烘干,取出并冷却至空气干燥状态后缩分,称取 200.0 g,称准至 0.1 g。

（2）搪瓷或金属盆盛水的高度约为试验筛高度的 1/3,在第一个盆内放入该次筛分中孔径最小的试验筛。

（3）把煤样倒入烧杯内,加入少量清水,用玻璃棒充分搅拌使煤样完全润湿,然后倒入试验筛内,用清水冲洗烧杯和玻璃棒上黏着的煤粒。

（4）在水中轻轻摇动试验筛进行筛分,在第一盆水中尽量筛净,然后再把试验筛放入第二盆水中,依次筛分至水清为止。

（5）把筛上物倒入搪瓷或金属盘子内,并冲洗净黏着在试验筛上的筛上物,筛下煤泥经过滤后放入另一盘内,然后把筛上物和筛下物分别放入温度不高于 75 ℃ 的恒温箱内烘干。

（6）把试验筛按筛孔由大到小自上而下排列好并套上筛底,把烘干的筛上物倒入最上层试验筛内,盖上筛盖。

（7）把试验筛置于振筛机上,启动机器,每隔 5 min 停机一次。用手筛检查,检查时依次从上至下取下试验筛放在盘上,手筛 1 min,筛下物质量不超过筛上物质量的 1% 时,即为筛净。筛下物倒入下一粒级中,各粒级都应该进行检查。

（8）没有振筛机时可用手工筛分,检查方法与机械筛分相同。

（9）筛完后,逐级称量（称准至 0.1 g）并测定灰分。

（10）当煤样易于泥化时,宜采用干法筛分,其试验步骤参照（6）~（9）完成。

（11）筛分过程中不准用刷子或其他外力强制物料过筛。

（二）结果整理

为保证试验结果的准确性,筛分后各粒级产物质量之和与筛分前煤样质量的相对差值不应超过 1%,同时用筛分后各粒级产物灰分加权平均值与筛分前煤样灰分的差值验证,否则该次试验无效。

煤样灰分小于 10% 时,绝对差值不应超过 0.5%,即

$$|A_d - \overline{A_d}| \leq 0.5\%$$

煤样灰分为 10% ~ 30% 时,绝对差值不应超过 1%,即

$$|A_d - \overline{A_d}| \leq 1\%$$

煤样灰分大于 30% 时,绝对差值不应超过 1.5%,即

$$|A_d - \overline{A_d}| \leq 1.5\%$$

式中　A_d——筛分前煤样灰分,%;

　　　$\overline{A}_d$——筛分后各粒级产物的加权平均灰分,%。

(1) 以筛分后各粒级产物质量之和作为100%，分别计算各粒级产物的产率。
(2) 粒级产物的产率和灰分精确到0.1%。
(3) 将试验结果填入煤粉筛分试验结果表（表1-3）。

表1-3 煤粉筛分试验结果表

煤样名称：_____　　煤样粒度：_____　　煤样质量：_____g
试验编号：_____　　采煤地点：_____　　煤样灰分：_____%
试验日期：_____

粒度/%	质量/g	产率/%	灰分/%	累计/%	
				产率	灰分
>0.500					
0.500~0.250					
0.250~0.125					
0.125~0.075					
0.075~0.045					
<0.045					

试验负责人：　　　　　　　核对：　　　　　　　计算：

模块二　煤泥水分级、浓缩与澄清设备

煤泥水处理的重要内容是煤泥水的分级、浓缩和澄清作业，它们主要的工艺和方法都是依靠煤泥水中煤泥重力自然沉降来实现的。在煤泥水处理中常用的自然沉降设备有沉淀池和浓缩机等，在浓缩机、沉淀池等煤泥水浓缩、澄清设备中设置倾斜板，加速了煤泥水的浓缩，这样大幅地增加了有效的沉淀面积，更重要的是改善了煤泥水中细颗粒在沉淀过程中的水利条件。水力旋流器是一种在离心力场中进行分级和浓缩的设备，主要用于煤泥水的分级、浓缩环节。

学习任务一　自然沉降式水力分级、浓缩与澄清设备

本学习任务为中级工、高级工都应掌握的技能。

【学习目标】
(1) 通过阅读设备维护（保养）记录单和现场勘查，明确学习任务要求。
(2) 根据任务要求和实际情况，合理制订工作（学习）计划。
(3) 掌握自然沉降式水力分级、浓缩与澄清设备的原理、构造、特点及使用范围。
(4) 掌握煤泥水的浓缩、澄清作业的工艺要求。
(5) 正确操作自然沉降式水力分级、浓缩与澄清设备。

【建议课时】
中级工：4课时。高级工：6课时。

【工作情景描述】
某选煤厂煤泥水相关设备运行周期已满，其结构组件需要进行维护、保养、更换，工作人员接到设备维护（保养）记录单后，按要求完成相关工作。

学习活动1　明确工作任务

【学习目标】
(1) 通过阅读设备维护（保养）记录单，明确学习任务、课时等要求。
(2) 准确记录工作现场的环境条件。
(3) 掌握自然沉降式水力分级、浓缩与澄清设备的原理、构造、特点及使用范围。
(4) 掌握煤泥水的浓缩、澄清作业的工艺要求。

【建议课时】
中级工：2课时。高级工：4课时。

一、工作任务

能通过阅读设备维护（保养）记录单，明确学习任务；能根据学习任务准确记录工作现场的环境条件；掌握自然沉降式水力分级、浓缩与澄清设备的原理、构造、特点及使用范围等理论知识。

二、相关知识

在煤泥水处理中常用的自然沉降设备包括自滤式煤泥沉淀池、浓缩漏斗、煤泥沉淀塔、角锥沉淀池、斗子捞坑、耙式浓缩机、深锥浓缩机和高效浓缩机等。

1. 自滤式煤泥沉淀池

自滤式煤泥沉淀池结构示意图如图2-1所示，其特点是在池底均匀设置滤液沟，其上盖有滤布，入料端地面向排料端地面约有5%的倾斜。

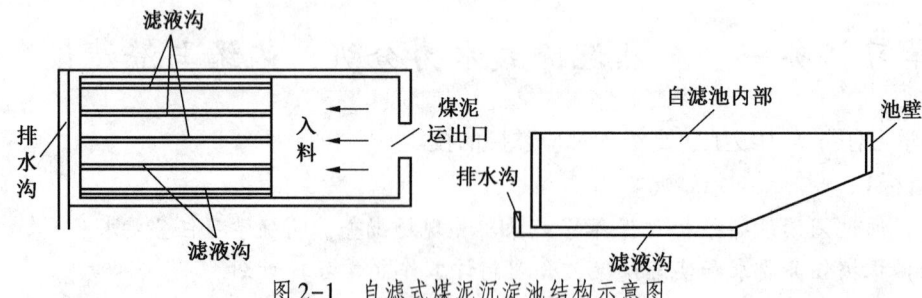

图2-1 自滤式煤泥沉淀池结构示意图

自滤式煤泥沉淀池的工作过程是煤泥水入池须通过滤布的过滤和渗透，滤液透过滤布进入滤液沟再进入煤泥沉淀池二次沉淀；在自滤煤泥沉淀池中煤泥静止脱水后挖出。自滤式煤泥沉淀池缩短了煤泥沉淀周期（一般沉淀池澄清需24 h，而自滤池仅需6 h左右），降低了煤泥水分（自滤池内水分约为16%），改善了工作条件，减少了煤泥沉淀池面积和晾干场地。

2. 浓缩漏斗

浓缩漏斗是一种直径不大的倒锥形浓缩分级设备（图2-2），其中心设给料管，四周有溢流槽，锥顶是底流排放口，该设备一般为直径小于5 m、沉淀面积在20 m² 以下的小型容器，多用铁板焊成或用钢筋混凝土浇制，锥角一般为60°。入料管底部多装有滤网，用于防堵和使入料均匀分配。

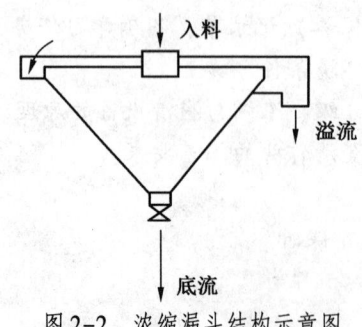

图2-2 浓缩漏斗结构示意图

浓缩漏斗的直径选定原则是上升流的速度 v_1 小于分级物料临界颗粒的自由下沉速度 v_0，即

$$v_1 \leqslant v_0 \tag{2-1}$$

溢流处理量为

$$v = \frac{\pi(D^2 - d^2)}{4k} \tag{2-2}$$

$$D = \sqrt{\frac{4kv}{\pi v_0} + d^2} \tag{2-3}$$

$$k = 12d' - 0.4$$

式中　D——浓缩漏斗直径，m；

　　　d——入料管直径，m；

　　　v_0——分级物料临界颗粒的自由下沉速度，m/h；

　　　k——浓缩漏斗中颗粒沉降面积的有效利用系数；

　　　d'——分级临界粒度，mm。

浓缩漏斗主要用于少量煤泥水的浓缩、脱泥或给料缓冲，由于对细粒煤泥分级效果低，所以新设计了占地面积小的多级水力旋流器。

3. 煤泥沉淀塔

沉淀塔是一种高度较大、直径较小（通常直径在 12 m 左右）的倒立圆锥形水塔式浓缩澄清设备，用钢筋混凝土浇制，锥角60°，塔高可达20 m，如图2-3所示。

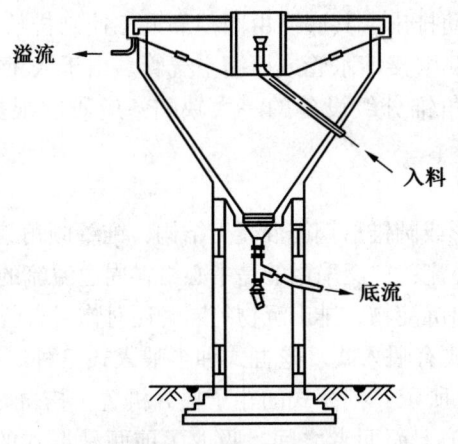

图 2-3　沉淀塔示意图

沉淀塔中心入料，周边溢流，底流通过锥体底部的自重阀门排放。沉淀塔主要用于循环水的浓缩和澄清，由于塔身较高，其溢流水可直接进入跳汰机。该设备由于处理量较小，逐渐被其他浓缩设备取代。

4. 角锥沉淀池

角锥沉淀池由若干个并列的底部为角锥形的钢筋混凝土容器组成，各分级室之间及其内部无隔板，角锥底部的倾角为65°~70°，角锥池一端入料，另一端为溢流端，锥底装有闸门以便排卸沉淀物料。煤泥水的入料方式有并联和串联两种，如图2-4所示。当以串联

方式给料时，入料端底流排放物粒度组成较粗，出料端底流排放量小且粒度组成较细；当以并联方式给料时，底流物的质量没有差别。若要获得不同粒度的产品时，可选择串联给料方式。但当给料量一定时，采用串联给料方式，会使液流在角锥池中的流速较大对分级不利，所以选煤厂在实际生产中多用并联给料。

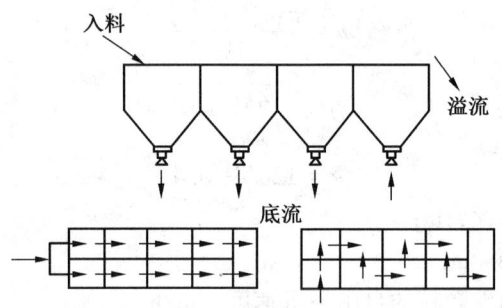

图 2-4　角锥沉淀池示意图

角锥沉淀池对入料的浓度和粒度都有一定的限制，较理想的入料浓度是 100～150 g/L，入料粒度一般为 0～1 mm，根据现场试验得出了关于角锥池的一组经验数据：当要求分级粒度为 0.3 mm，入料的固体含量为 50 g/L 时，其单位负荷不应超过 15 $m^3/(m^2 \cdot h)$；入料的固体含量为 150 g/L 时，单位负荷不应超过 9.5 $m^3/(m^2 \cdot h)$；入料的固体含量为 200 g/L 时，单位负荷不应超过 8 $m^3/(m^2 \cdot h)$；入料的固体含量为 250 g/L 时，单位负荷不应超过 7 $m^3/(m^2 \cdot h)$。由此可看出，入料浓度对角锥池的工作效果影响较大。

角锥沉淀池的溢流自动排出，其底流由阀门靠人工控制排放，有时为了防止堵塞底流排放管路，需在其管路的侧壁接清水管或压缩空气管。由于人工控制底流排放阀门，所以分级粒度难以掌握，这是角锥分级设备的一大缺陷，应研制根据粒度检测来自动排料的装置。

5. 斗子捞坑

斗子捞坑通常为方锥形或圆锥形钢筋混凝土结构，锥壁倾角为 60°～70°，由中心或单侧给料，从周边或旁侧流出溢流，广泛采用的是中心给料周边溢流的方式。锥形容器中安有一台斗子提升机，用它来排出沉淀物，排出沉物的同时还对物料有脱水作用。

沉淀物进入斗子的方式有喂入式、挖掘式和半喂入式三种。喂入式的斗子提升机位于捞坑倒锥之外，如图 2-5a 所示；挖掘式的斗子提升机置于捞坑之中，如图 2-5c 所示；而半喂入式的斗子提升机介于上面两者之间，吸取了前两种形式的优点，机尾在捞坑外部，但斗子位于捞坑之内，如图 2-5b 所示。半喂入式的斗子提升机既避免了检修斗子提升机时的不便，又避免了物料在池内堆积的缺点。因此，实际中半喂入式方式应用最多。

斗子捞坑在选煤厂应用十分普遍，适应能力较强，入料的粒度范围宽，一般为 0～50 mm。但有时为了提高捞坑的分级精度，应尽量缩小捞坑入料的粒度范围，实际捞坑的入料粒度为 0～13 mm，捞坑的分级粒度一般为 0.2～0.5 mm。

斗子捞坑的工作原理同角锥沉淀池一样，都是借重力作用实现颗粒沉淀的。但是，斗子捞坑中颗粒沉淀的条件与角锥沉淀池不同，一是煤泥在斗子捞坑中将随同较粗精煤颗粒（如 6～13 mm）一起沉淀，这对较细颗粒的沉淀有利；二是沉淀物及时用斗子提升机从捞

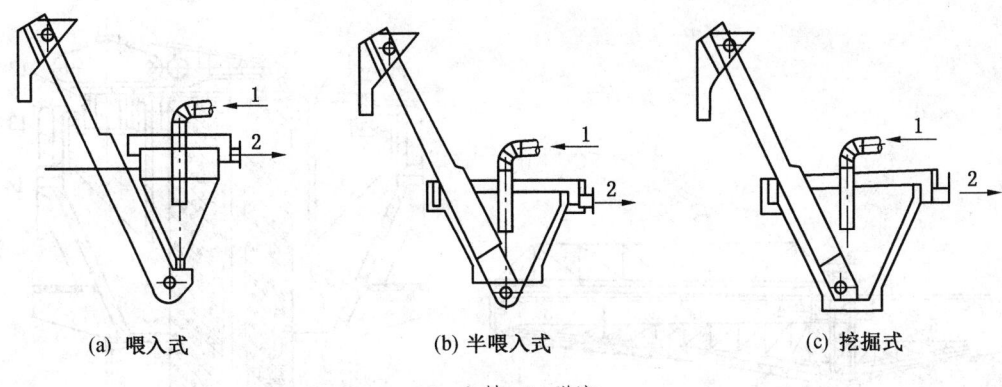

(a) 喂入式　　　　　(b) 半喂入式　　　　　(c) 挖掘式

1—入料；2—溢流

图 2-5　斗子捞坑中斗子的给料方式

坑中排出，不受人为因素的影响。所以它的沉淀与排料条件都比角锥沉淀池理想。这也正是斗子捞坑的分级效率比角锥沉淀池分级效率高的原因。

为了保证捞坑的分级效果，入料处应设缓冲套筒，以减小入料的流速对分级设备流动层的影响。锥壁若不光滑则容易"挂腊"，严重时捞坑"棚拱"，导致捞坑不能正常工作。为了防止"挂腊"，捞坑的锥壁最好铺瓷砖。

6. 耙式浓缩机

耙式浓缩机通常可分为中心传动式和周边传动式两大类，构造大致相同，都是由池体、耙架、传动装置、给料装置、排料装置、安全信号及耙架提升装置组成。

浓缩机的池体一般用水泥制成，小型号的可用钢板焊制，为了便于运输物料，底部有 6°～12°的倾角；与池底距离最近的是耙架，耙架下有刮板。浓缩机的给料一般是先由给料溜槽把矿浆给入池中的中心受料筒，而后再向四周辐射；矿浆中的固体颗粒逐渐浓缩沉降到底部，并由耙架下的刮板刮入池底中心的圆锥形卸料斗中，再用砂泵排出；池体的上部周边设有环形溢流槽，最终的澄清水由环形溢流槽排出；当给料量过多或沉积物浓度过大时，安全装置发出信号，通过人工手动或自动提耙装置将耙架提起，以免烧坏电机或损坏机件。

1）中心传动耙式浓缩机

中心传动耙式浓缩机的结构如图 2-6 所示。其耙臂由中心桁架支承，桁架和传动装置置于钢结构或钢筋混凝土结构的中心柱上。由电动机带动的蜗轮减速机的输出轴上安有齿轮，它和内齿圈啮合，内齿圈和稳流筒连在一起，通过它带动中心旋转架绕中心柱旋转，再带动耙架旋转。可以把一对较长耙架的横断面做成三角形，三角形的斜边两端用铰链和旋转架连接，因为是铰链连接，耙架可绕三角形斜边转动，当发生淤耙时耙架受到的阻力增大，通过铰链的作用可以使耙架向上向后提起。中心传动耙式浓缩机的国产规格为 16 m、20 m、30 m、40 m 和 53 m，已有直径达 100 m 的产品，国外已达 183 m。

2）周边传动耙式浓缩机

周边传动耙式浓缩机的结构如图 2-7 所示。池中心有一个钢筋混凝土支柱，耙架一端借助于特殊轴承置于中心支柱上，其另一端与传动小车相连接，小车上的辊轮由固定在小

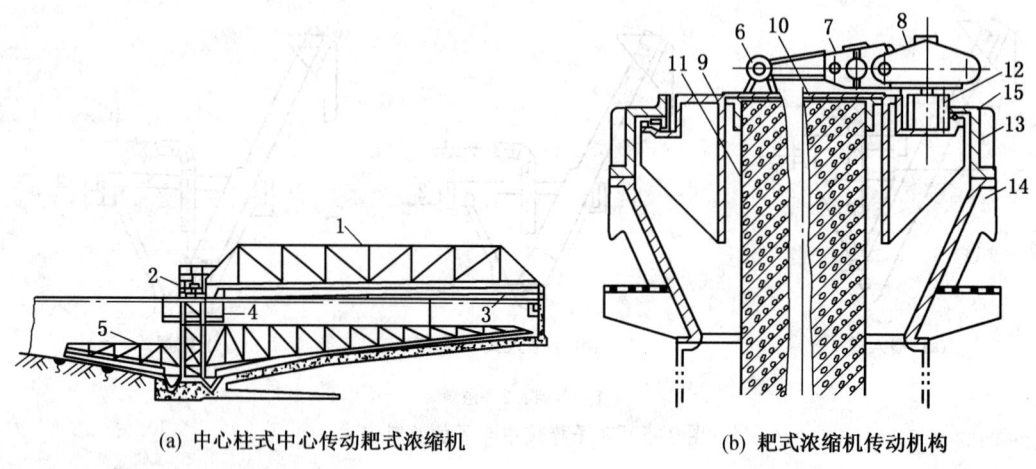

(a) 中心柱式中心传动耙式浓缩机　　　　(b) 耙式浓缩机传动机构

1—桁架；2—传动装置；3—溜槽；4—给料井；5—耙架；6—电动机；7—减速器；8—蜗轮减速器；
9—底座；10—座盖；11—混凝土支柱；12—齿轮；13—内齿圈；14—稳流筒；15—滚球

图 2-6　中心传动耙式浓缩机的结构图

车上的电机经减速器、齿轮齿条传动装置驱动，使其在轨道上滚动并带动耙架回转。为了向电机供电，在中心支柱上装有环形接点，而沿环滑动的集电接点则与耙架相连，将电流引入电机。

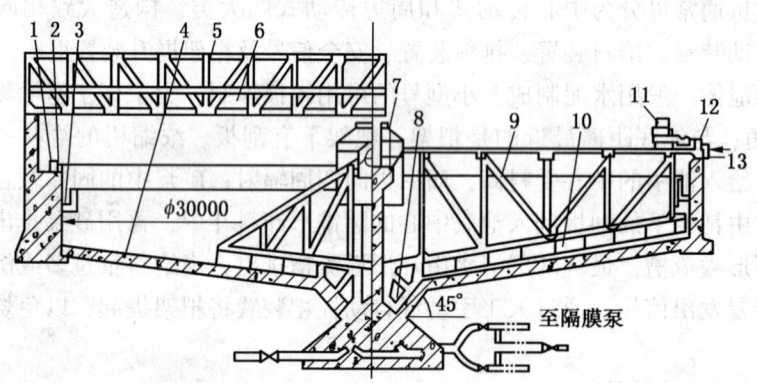

1—齿条；2—轨道；3—溢流槽；4—浓缩池；5—托架；6—给料槽；7—集电装置；
8—卸料口；9—耙架；10—刮板；11—传动小车；12—辊轮；13—齿轮

图 2-7　周边传动耙式浓缩机的结构图

借助于辊轮和轨道间的摩擦力而传动的浓缩机，不用设特殊的安全装置，因为当耙架所受阻力过大时，辊轮会自动打滑，耙子就停止前进。但这种周边传动的浓缩机仅适用于较小规格，而不适用于冻冰的北方。在直径较大的周边传动浓缩机上，与轨道并列安装有固定齿条，传动装置的齿轮减速器上有一小齿轮与齿条啮合，带动小车运转。在这种浓缩机上要设过负荷继电器来保护电动机和耙架。

我国生产的周边传动耙式浓缩机的直径有 15 m、18 m、24 m、30 m、38 m、45 m 和 53 m，并已生产出 100 m 的浓缩机，但国外的最大直径已达 198 m。

7. 深锥浓缩机

深锥浓缩机的结构特点是其池深尺寸大于池的直径尺寸（图2-8），整机呈立式桶锥形。深锥浓缩机工作时，一般要加絮凝剂。

煤泥水和絮凝剂的混合是深锥浓缩机工作的关键。为了使絮凝剂与矿浆均匀混合，理想的加药方式是连续的多点加药。

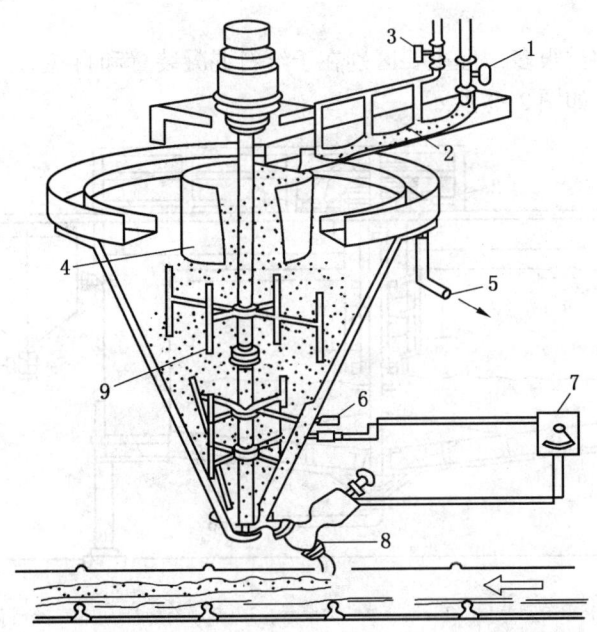

1—入料调节器；2—给料槽；3—药剂调节阀；4—稳流管；5—溢流管；
6—测压元件；7—排料调节器；8—排料阀；9—搅拌器

图2-8 深锥浓缩机的结构图

深锥浓缩机不加絮凝剂时也可用于浓缩浮选尾煤，其浓缩结果见表2-1。

表2-1 深锥浓缩机不添加絮凝剂处理浮选尾煤的结果

单位处理量/ $(m^3 \cdot m^{-2} \cdot h^{-1})$	溢流水中 固体含量/$(g \cdot L^{-1})$	单位处理量/ $(m^3 \cdot m^{-2} \cdot h^{-1})$	溢流水中固体 含量/$(g \cdot L^{-1})$
0.20~0.25	—	0.6	3~4
0.40	0.3~0.5	0.8~1.0	15~18

由表2-1可见，当单位处理量高时，深锥浓缩机溢流中固体含量大，不宜作循环水使用。因此，当处理量超过 0.5 m³/(m²·h) 时必须添加絮凝剂，不加絮凝剂时浓缩产品的浓度较低。实践表明，当添加絮凝剂时，即使处理量为 2.5~3.5 m³/(m²·h)，底流固体含量也在 200~800 g/L 的范围内变化。

我国生产的用于浓缩浮选尾煤的深锥浓缩机的直径为 5 m，在尾煤入料浓度为 30 g/L、入料量为 50~70 m³/h、絮凝剂添加量为 3~5 g/m³ 的条件下，底流浓度可达 55%。

8. 高效浓缩机

高效浓缩机是新型浓缩设备，其结构与耙式浓缩机相似。它的主要特点是：①在待浓缩的物料中添加一定量的絮凝剂，使矿浆中的固体颗粒形成絮团或凝聚体，加快其沉降速度，提高浓缩效率；②给料筒向下延伸，将絮凝料浆送至沉积及澄清区界面下；③设有自动控制系统，控制药剂用量、底流浓度等。有资料报道，高效浓缩机的单位处理能力为常规耙式浓缩机的4~9倍，单位面积造价虽然较高，但按单位处理能力的投资来算，比常规浓缩机约低30%。

高效浓缩机的种类很多，但主要区别在于给料混凝装置和自控方式。下面简要介绍艾姆科型高效浓缩机，如图2-9所示。

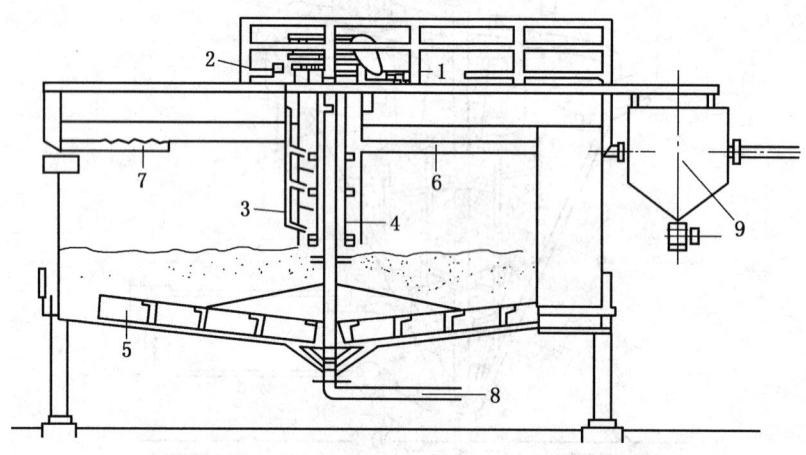

1—耙架传动装置；2—混合器传动装置；3—絮凝剂给料管；4—给料筒；
5—耙臂；6—给料管；7—溢流槽；8—排料管；9—排气系统
图2-9 艾姆科型高效浓缩机结构图

这种高效浓缩机的给料筒内设有搅拌器，搅拌器由专门的调速电动机系统带动旋转，搅拌叶分为三段，叶径逐渐减小，使搅拌强度逐渐降低。料浆先给入排气系统，排出空气后经给料管进入给料筒。絮凝剂则由絮凝剂给料管分段给入筒内和料浆混合，混凝后的料浆由下部呈放射状的给料筒直接进入浓缩—沉积层上部、中部，料浆絮团迅速沉降，液体则在浆体自重的液压力作用下向上经浓缩—沉积层过滤出来，形成澄清的溢流排出。

学习活动2 工作前的准备

一、工具

本活动不使用工具。

二、仪器与设备

角锥池、斗子捞坑、耙式浓缩机、高效浓缩机、沉淀塔。

三、材料与资料

《选煤厂安全规程》《选煤厂工人技术操作规程》《选煤厂煤泥水处理》。

学习活动3 现 场 施 工

【学习目标】

(1) 熟练掌握本活动安全知识,并按照安全要求进行操作。

(2) 正确操作煤泥水分级、浓缩与澄清实训设备。

【建议课时】

中级工:2课时。高级工:2课时。

一、工作任务

进行煤泥水分级、浓缩与澄清实训前对《选煤厂安全规程》相关内容认真学习,熟知并掌握安全操作要求,按照要求正确操作煤泥水分级、浓缩与澄清设备。

二、相关知识

(一) 澄清和浓缩

1. 分级设施

(1) 选煤厂水池、角锥池、捞坑的检查孔应当安装脚蹬或固定铁梯。

(2) 工作人员进入池内检查、清理,必须遵守的规定:①配备低压行灯照明,检查脚蹬或铁梯是否牢固。②工作人员不得少于2人,1人里面检查、1人外面监护。监护人员站在能看到或听到检查人员工作的地方,并由专职人员担任。③工作人员必须使用安全带站在梯子上工作。安全带的一端固定在外面牢固的地方。④工作完毕,工作地点负责人清点人员和工具,待确认无误后,方可盖盖板灌水。⑤水池、角锥池和捞坑应当根据不同的需要设置盖板、栏杆和走桥。走桥上的花格板必须牢固。禁止工作人员站在无栏杆的池边缘从事清理泡沫、杂物等工作。

2. 浓缩设施

(1) 浓缩设施(浓缩机、深锥、沉淀塔)的走道必须安装栏杆。地板应当采用花纹钢板或花格板,并安装牢固。

(2) 禁止在浓缩设施走桥上存放工具等杂物。

(3) 使用周边传动的浓缩机,其周边轨道必须保持平整、光滑、无障碍物。禁止任何人在轨道上坐立或进行作业。

(4) 浓缩机、深锥、沉淀塔等主体设施,必须建设牢固。深锥阀门处的操作平台及栏杆应当牢固并防滑。

(5) 浓缩设施的絮凝剂添加处及其周围必须设有护栏。地面要铺设防滑材料。

(6) 工作人员应当严格监控浓缩机底部沉淀物的厚度。

3. 室外沉淀池和尾矿场

(1) 室外沉淀池的周边必须建筑堤坝或配置栏杆,并设有明显的警示牌。禁止非工作人员入内。

(2) 沉淀池滑线沟盖板应当采用花纹钢板。

(3) 池内管道堵塞清理时,工作人员必须携带安全带、梯子等工具;同时,上面应当有专人监护。

(4) 禁止任何人在尾矿场内游泳。

(二) 岗位要求与操作规范

1. 浓缩机司机

1) 岗位要求

(1) 经过安全和本工种专业技术培训，通过考试，取得合格证后，持证上岗。

(2) 掌握浓缩澄清的基本理论，工艺作用，煤泥水流程、浓缩入料的数质量及浓度变化，粒度组成及浓缩后的指标要求。

(3) 熟悉浓缩机工作原理、构造、技术特征、零部件的名称和作用，设备的维护保养方法和安全用电知识。

(4) 熟悉本岗位设备的检查、维护和一般故障的排除方法。

(5) 熟悉本岗位的各种管线布置、阀门配置及其相互关系，并能正确操作使用。

(6) 了解各自动控制装置和仪表的工作原理、使用条件和操作维护保养方法。

(7) 熟练掌握浓缩机操作技术，能准确分析运行不正常的原因，并采取措施迅速扭转。

(8) 认真执行《选煤厂安全规程》、岗位责任制、交接班制度和其他有关规定。

(9) 上岗时，按规定穿戴好有关劳保用品。

2) 操作规范

(1) 安全检查：①了解原煤入选量情况。溢流水槽应畅通，溢流堰应平整，无积煤泥现象。②检查来料水槽、管道、闸门，应通畅、严密，管桥分水板应处于适宜位置。③按《选煤厂机电设备检查通则》要求，对设备进行一般性检查，并进一步检查：浓缩机的周边轨道必须保持平整、光滑、牢固，无打滑现象，无障碍物，托轮不应过度磨损；中心滑环的密封应完好，不能有煤泥水溅入；浓缩机各部位的连接必须牢固可靠。

(2) 正常操作：①开车前浓缩机应先灌满水。②接到开车信号后，经确认检查无误，即可答应开车。③根据溢流和底流浓度、浓缩入料量流量情况，调整浓缩机开动台数、各台入料量，控制底流排放量。总的操作原则是保证洗水浓度符合要求。④两台浓缩机并行作业时，要根据每台负荷，努力做到均匀排放底流，既要稳定沉降机入料浓度，又要避免煤泥积压导致压靶子。⑤要根据浓缩机来料及机内煤泥量（可从底流浓度看出）情况，与相关岗位密切联系，努力实现底流大排放操作。⑥与上道岗位密切联系，注意检查底流的粒度组成，发现跑粗立即通知上道岗位，检查分析原因，积极采取措施解决。⑦密切注意靶子的运转情况，是否有跳动、打滑现象及异常音响，如出现自动停车要检查分析原因，防止压靶子或卡住。⑧注意检查中心滑环的工作和密封情况，严防滴水或煤泥溅入受潮而引起电气短路。⑨要注意检查轨道是否平整，接头是否松动，托辊运行是否平稳。⑩浓缩机过桥和机台上严禁堆放物品，并应随时清理见到的杂物，以防止不慎落入机内造成事故，万一发生这类问题，应立即向调度汇报。⑪注意检查电动机、减速器及传动装置的工作情况，温升、音响应无异常。⑫浓缩机的工作指标和工作效果必须达到规定要求。

(3) 特殊情况的处理：①浓缩机由于底流浓度过大出现下部管道堵塞时，应利用底部冲洗水冲刷，边冲边开煤泥泵排料。如管道被杂物堵塞，则应采取其他措施处理。②当杂物、煤块进入浓缩机堵塞底部管道时，要停车进行彻底清理。

（4）停车操作：①接到停车信号后，停止给料。但煤泥水浓缩应需继续运行，排放底流，直到浓度达到要求为止。②利用停车时间按"四无""五不漏"要求，对设备进行维护保养，并清理设备和环境卫生。③按规定填写岗位记录，做好交接班工作。

（5）安全注意事项：①若浓缩机带物料停车时，提耙浓缩机应将靶子提到高位。②及时清理浓缩机入料槽、絮凝剂添加槽以及澄清水池内的木屑杂物。③当浓缩机内的煤泥沉积过多，力矩、转动电机电流过大时，应减少或停止入料，加快底流排放。当力矩下降，待查明原因并处理后，方可正常入料。④当底流排料泵堵塞时，应及时打开冲洗水冲洗或采取其他措施加以疏通。⑤当浓缩机内泡沫过多时，应及时消泡。⑥入料水槽应装箅子，严防各类杂物（如破转、碎瓦、木块、铁器等）进入浓缩机，造成堵管子、卡住阀门等事故。⑦严禁任何人在轨道上坐、站或运行中作业。

2. 煤泥沉淀池管理工

1）岗位要求

（1）经过安全和本工种专业技术培训，通过考试，取得合格后，持证上岗。

（2）掌握浓缩澄清的基本理论，本作业的工艺作用和环保要求、煤泥水流程，沉淀池入料的数质量、浓度变化、粒度组成及澄清水的指标要求和排放标准。

（3）掌握沉淀池的平面布置、进出料的闸门布置、水沟连接，了解晾干场的布置和容量，并能灵活应用、操作。

（4）掌握煤泥泵的操作和使用维护方法。

（5）熟悉本岗位设备的维护保养方法和有关安全用电知识。

（6）熟悉掌握沉淀池的操作管理技术、煤泥沉淀规律，能根据现有的设备条件，保证沉淀后的溢流水达到指标要求或排放标准。

（7）严格执行《选煤厂安全规程》、岗位责任制、交接班制度和其他有关规定。

（8）上岗时，按规定穿戴好有关劳保用品。

2）操作规范

（1）安全检查：①了解沉淀池的使用情况，上一天的来料情况，溢流水的指标和复用情况。②了解煤泥外装外用情况，装运工作是否按进度进行。③了解备用沉淀池检修和准备工作的情况，是否符合计划要求。④检查使用的沉淀池应无渗、窜、跑水现象，水位应合适，沉淀的煤泥应无跑粗现象。⑤检查溜槽管道应畅通，各类阀门、调节筏板应灵活可靠，溢流口应完整、无堵塞。⑥检查水泵、电动机、联轴节螺栓、安全罩应完好，轴承（轴瓦）润滑良好。⑦检查排水泵盘根是否漏水。

（2）正常操作：①接到开泵信号，先与有关岗位取得联系后，按水泵启动程序打开冷却水阀门及出口阀门，最后按下启动开关。②开泵后，先检查泵有无异常振动和音响，排水是否正常，发现问题及时处理。③运行期间，经常检查各轴承的温度和润滑状态，发现问题及时处理。④沉淀池满后，关闭进口阀门，并打开下一个沉淀池进口阀门，开始新的工作循环。⑤沉淀池经过7~10天的沉淀、澄清后，通知抓斗司机抓吊沉淀池煤泥。⑥注意检查沉淀池的来料情况（流量、浓度、粒度组成），发现不正常（如流量特大、浓度突增、大量跑粗等）时应立即通知生产调度，采取措施解决。⑦根据来料情况和池中煤泥沉淀情况，调节溢流管口的浸水高度，要在保证溢流浓度的前提下，使池内的煤泥均匀沉淀，充分利用沉淀池容积。⑧合理利用煤泥沉淀池，根据池的数量安排整修沉淀池和抓吊等作业时间。⑨及时处理沉淀煤泥，疏通溢流水沟，严防煤泥水流失。⑩返回的煤泥水浓度应严格控制在规定浓度之内。⑪按照选煤厂洗水闭路循环的等级标准要求，严格控制外排水量和排放浓度。排放时，必须报请主管领导批准，并记录排放时间、排放量和排放浓度，报有关部门备查。

（3）操作后应做的工作：①接到停车信号后，立即通知有关岗位，先关入料阀门，再停泵，随后关闭出料阀门。②对机电设备及各管道、阀门进行检查。③池满后负责倒池子。④利用停车时间按"四无""五不漏"要求，对设备进行维护保养，搞好设备和环境卫生。⑤按规定填好岗位记录，做好交接班工作。

学习任务二　倾斜板沉淀设备

本学习任务为中级工、高级工都应掌握的技能。

【学习目标】

（1）通过阅读设备维护（保养）记录单和现场勘查，明确学习任务要求。

（2）根据任务要求和实际情况，合理制订工作（学习）计划。

（3）掌握倾斜板沉淀设备的原理、构造、特点及使用范围。

（4）正确设置、使用倾斜板沉淀设备。

【建议课时】

中级工：4课时。高级工：8课时。

【工作情景描述】

工作人员能确定倾斜板装置的类型，完成相应的沉淀任务。

学习活动1　明确工作任务

【学习目标】

（1）通过阅读设备维护（保养）记录单，明确学习任务、课时等要求。

（2）准确记录工作现场的环境条件。

（3）掌握倾斜板沉淀设备的原理、构造、特点及使用范围。

【建议课时】

中级工：2课时。高级工：4课时。

一、工作任务

接到相关沉淀任务后，工作人员应根据任务确定倾斜板装置的类型，进而确定具体的沉淀任务；重点是倾斜装置的设计与操作。

二、相关知识

1. 倾斜板

自然沉淀设备的面积一般比较大，如能提高设备的处理能力，缩小设备的体积，则可减少基建费用。分级设备是利用浅池原理进行工作的，物料在池中的沉降分级与池深无关，因此为了提高设备的单位面积处理量应该充分利用池深。在分级沉淀设备中，加设一组倾斜放置的沉淀板面（即倾斜板装置），可提高分级沉淀设备的处理能力。

倾斜板的安装可以缩短颗粒的沉降距离，减少沉降时间，增大分级设备的沉淀面积，使沉淀好的物料顺利排出，如图 2-10 所示。

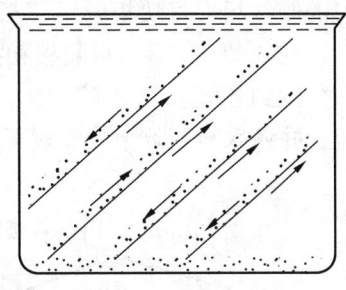

图 2-10 倾斜板沉降示意图

倾斜板的安装角度为 50°~60°，安装角度越小越有利于增大沉淀面积，但不利于沉淀后煤泥的排出。选煤厂倾斜板的实际安装角度多采用 60°。倾斜板的层数增多，也有利于增加沉淀面积，层数越多则板间距越小，过小的板间距会使水流流动对沉物的沉淀及排放产生干扰。板间距一般取 100~150 mm。

制作倾斜板的材料必须是质轻、平整光滑且耐磨、耐腐。最好采用质轻的乙烯树脂板，也可采用塑料板、不锈钢或铁板。用铁板时，必须涂上耐磨、耐腐蚀的涂料。

倾斜板的入料形式有上向流、下向流和横向流三种，如图 2-11 所示。

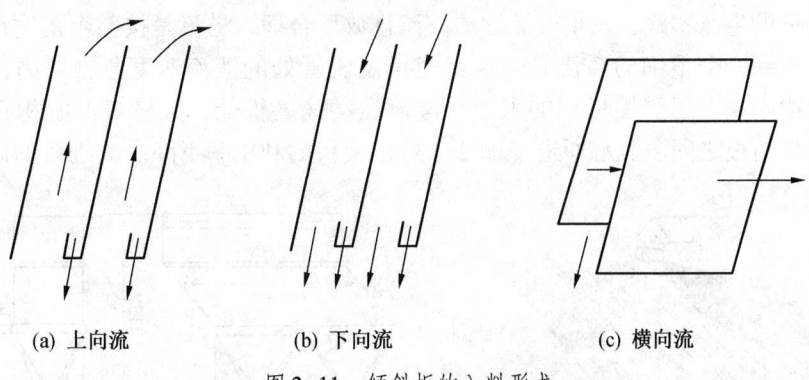

(a) 上向流　　　　(b) 下向流　　　　(c) 横向流

图 2-11 倾斜板的入料形式

上向流：煤泥水由下部给入，溢流由上部排出，沉淀物由下部排出。其特点是液流运动方向与沉淀物运动方向相反，故液流对已沉积在板表面上的物料有干扰作用，粗颗粒先沉到板的下部，不易下滑的细颗粒沉在板的上部，这些细颗粒沉淀物易被上升流带走。另外，上升流还会对沉淀物的滑落有阻滞作用，但上向流的有效沉淀面积最大。

下向流：煤泥水从上部给入，沉淀物由下部排出，溢流由下部排出。其特点是入料及沉淀物运动方向相同，对沉淀有利，细颗粒沉在板的下部，粗颗粒沉在上部，对沉淀物排放有利，但把沉淀物和溢流很好地分开比较困难。

横向流：入料是一侧给入，沉淀物由下部排出，另一侧出溢流。其特点是液流方向与沉淀物排出方向有一定夹角，液流对沉淀物的干扰作用较小，产物的排出也易于实现。

2. 倾斜板沉淀槽

倾斜板沉淀槽是以倾斜板为主要工作部件的煤泥水分级设备。图2-12为上向流倾斜板沉淀槽示意图，槽体是一个斜方体的容器，下部接两个作收集和排放沉淀物用的倒锥体。在斜方体容器内排列着斜置的倾斜板。每块板的下部都有"L"形的入料隔板。容器的侧板下部有很多开口，每个开口均与"L"形入料隔板相接。侧板与扩散状的入料槽相连，煤泥水通过入料槽和各开口分配到各倾斜板之间。由于"L"形入料隔板的作用，进到每个隔间的煤泥水转为上升流，并使入料不致干扰顺板下滑的沉淀煤泥。槽体的上部有溢流汇集管，溢流由此排出。

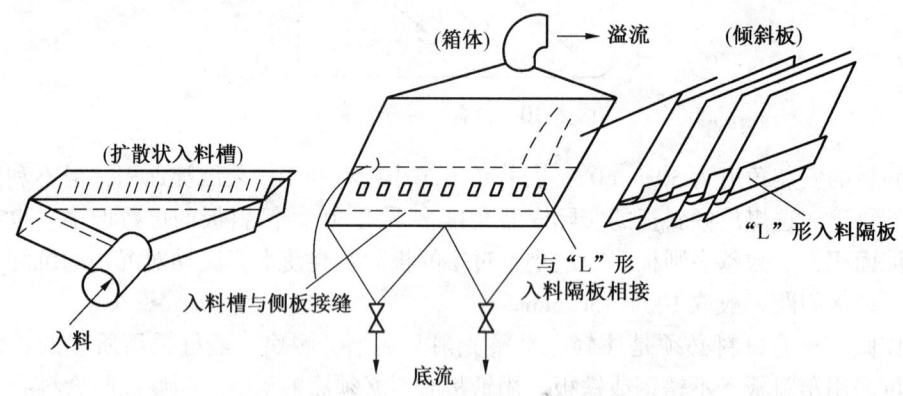

图2-12 上向流倾斜板沉淀槽示意图

通过大量的生产实践，发现沉淀槽的溢流排放不合理。溢流是按整个槽宽产生的，而排放时却汇集到一个很细的溢流管，这就使得溢流管处的液流速度急剧增高，对分级不利；而沉淀槽两端由于受锥形罩的阻力，溢流运动速度很低，大量煤泥淤积在溢流箱两端，堵塞了板与板之间溢流水通道（图2-13），使板的利用率下降。改进后的倾斜板沉淀

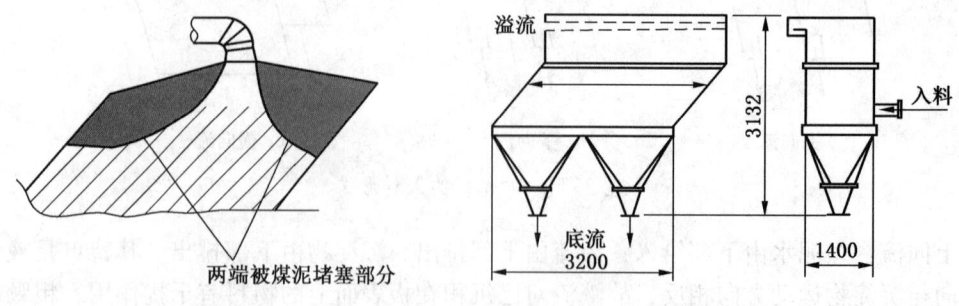

图2-13 倾斜板沉淀槽的弊端及改进

槽将封闭式的溢流箱改为敞开式，消除了原溢流箱两端对上升水流的阻力，防止沉淀槽两端煤泥的淤积，使溢流的流速正常，提高了分级效率。

3. 圆锥形倾斜板沉淀池

倾斜板沉淀槽的单位面积处理量虽较大，但单台体积小，单台的处理量也小。在大型选煤厂中，由于煤泥水量大，致使需要的台数很多，从而造成物料收集、排放管路复杂。因此，倾斜板沉淀槽的应用面并不广。为了充分发挥倾斜板沉淀设备体积小、效率高、配置灵活、投资省等优点，应该寻找新结构的倾斜板沉淀设备，圆锥形倾斜板沉淀池是一种新型的倾斜板装置，如图2-14所示。

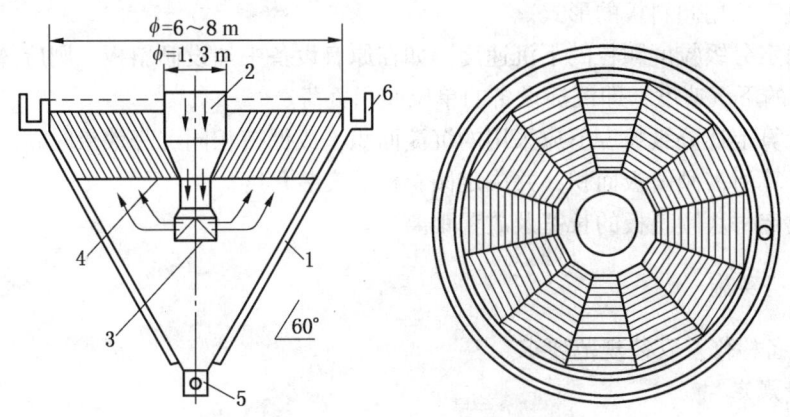

1—上部敞开的圆锥形混凝土；2—进料管；3—布水帽；4—斜板沉淀区；5—排料管及闸门；6—溢流槽

图2-14 圆锥形倾斜板沉淀池

学习活动2 工作前的准备

一、工具

本活动不使用工具。

二、仪器与设备

倾斜板沉淀设备。

三、材料与资料

《选煤厂安全规程》《选煤厂工人技术操作规程》《选煤厂煤泥水处理》。

学习活动3 现场施工

【学习目标】

（1）熟练掌握本活动安全知识，并按照安全要求进行操作。

（2）正确设计、操作倾斜板沉淀设备。

【建议课时】

中级工：2课时。高级工：4课时。

一、工作任务

根据沉淀任务进行符合任务要求的倾斜板装置设计和安装。

二、相关知识

由于倾斜板设计安装都很容易实现,所以它可以应用到很多分级设备中以补充原分级设备的面积不足。

倾斜板的设计,一般包括如下几个方面的内容:

(1) 决定采用倾斜板的形式。

(2) 确定分级粒度颗粒的下沉速度。如在原有设备中加设倾斜板,则应算出原设备分级粒度颗粒的下沉速度,即沉淀设备的单位面积负荷。

(3) 计算上述分级粒度下应采用的沉淀面积,或保持相同沉降效果时新的沉淀面积。

(4) 计算所需倾斜板面积,并决定倾斜板的安装角度。

(5) 决定每块倾斜板的长宽及放置距离。

三、任务实施

机械设备检修及安装规范要求。

1. 一般规定

(1) 设备安装检修人员应当严格遵守各工种的安全操作规程。维修较大的项目,必须制定安全技术措施。安装检修工作由项目负责人统一指挥,并设安全负责人。安装检修工作前,必须检查所用工具和起吊设备的可靠性。严禁超负荷、带病违章作业。

(2) 设备检修必须执行停电挂牌制度(不准用电话联系)。检修人员进入机器内部,必须设专人在外监护,必要时还应将断电装置加锁,由进入设备内部的工作人员带好钥匙。

(3) 检查、检修设备内部,应当使用符合标准的行灯或手电筒。严禁使用明火照明。

(4) 设备检修完毕后,检修人员应当清点工具和清理工作现场,不得将杂物或工具遗留在设备内,经检查确认一切合格后,方可通知有关部门送电试车。

(5) 因检修需要移动、拆除栏杆、安全罩、井盖、盖板、花格板等安全设施时,如果工作人员离开作业地点,必须在上述作业地点的周围设置临时护栏、护网,并设置醒目的警示标志。一切工作结束后,应当立即恢复原样。

(6) 检修高压、高温设备、容器和管道,应当首先采取泄压降温措施。

(7) 更换运转设备的传动带、传动链,必须执行停电挂牌制度。

(8) 检修工作中,拆下的零部件不得丢失。检修机械零部件的接合面时,应当将吊起部分垫稳,手不得伸入其间。检查容易倾倒的部件时,必须支撑牢固。使用扳手时,扳手与接触部分不得粘有油脂。不得将扳手加套筒使用。不得将扳手当作锤使用。

2. 设备安装

(1) 设备安装必须编制安全技术措施,并报请有关部门和领导审批同意。施工前,应当向施工人员详细讲解、交底。施工时,现场应当设专人监督检查。

（2）机座就位时，不得用手直接清理垫铁或杂物。移动部件、调整垫铁、盘动转动机件时，应当采取安全措施。

（3）清洗机件应当使用无铅汽油或煤油。清洗点严禁烟火。废油、破布、棉纱要集中放在有盖的桶内，由专人负责清除。

（4）施工用的组合支架、平台、组件及其临时加固、就位的方法，必须编制专门设计并经审批同意。

（5）在管道支架和对口连接未完成前，不得割去或拆卸加固件。

学习任务三　水力旋流器

本学习任务为中级工、高级工都应掌握的技能。

【学习目标】

（1）通过阅读设备维护（保养）记录单和现场勘查，明确学习任务要求。

（2）根据任务要求和实际情况，合理制订工作（学习）计划。

（3）掌握水力旋流器的原理、构造、布置方式与使用调节方法。

（4）正确操作水力旋流器。

【建议课时】

中级工：4课时。高级工：8课时。

【工作情景描述】

工作人员接到任务后，能正确按要求操作水力旋流器，并按要求填写设备维护（保养）记录单。

学习活动1　明确工作任务

【学习目标】

（1）通过阅读设备维护（保养）记录单和现场勘查，明确学习任务要求。

（2）准确记录工作现场的环境条件。

（3）掌握水力旋流器的原理。

【建议课时】

中级工：2课时。高级工：4课时。

一、工作任务

通过阅读设备维护（保养）记录单，明确学习任务、课时等要求；能根据任务要求准确记录工作现场的环境条件并掌握水力旋流器的原理、构造、布置方式与使用调节方法。

二、相关知识

（一）水力旋流器的构造和工作原理

水力旋流器（图2-15）是利用回转流进行分级的设备，也用于浓缩、脱水，它的构造很简单,主要是由一个空心圆柱体和圆锥连接而成。圆柱体的直径代表旋流器的规格,它的尺寸变化范围很大(50~1000 mm),通常为125~500 mm。在圆柱体中心插入一个溢流管,沿切线方向接有给矿管,在圆锥体下部留有沉砂口。矿浆在压力作用下,沿给矿管给入旋流器内,随即在圆筒形器壁限制下作回转运动。粗颗粒因惯性离心力大而被抛向器壁,并逐渐向下流动由底部排出成为沉砂。细颗粒向器壁移动的速度较小,被朝向中心流动的液体带动由中心溢流管流出,成为溢流。

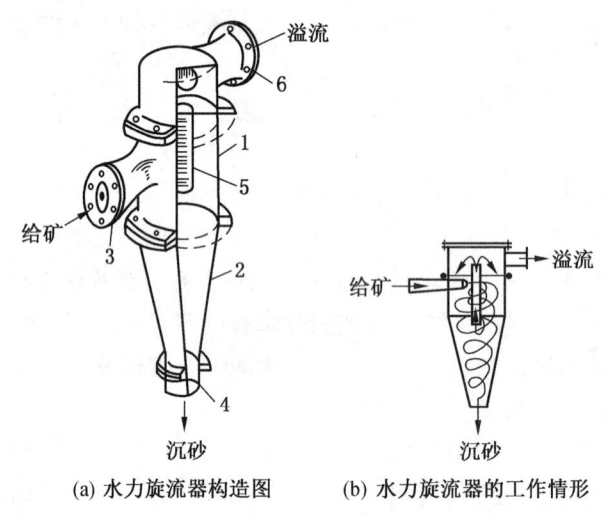

(a) 水力旋流器构造图　　(b) 水力旋流器的工作情形

1—空心圆柱体;2—圆锥;3—给矿管;4—沉砂口;5—溢流管;6—溢流管口

图 2-15　水力旋流器

水力旋流器是一种高效率的分级、脱泥设备,由于它的构造简单,便于制造,处理量大,在国内外已广泛使用。它的主要缺点是消耗动力较大,且在高压给矿时磨损严重。采用新的耐磨材料,如硬质合金、碳化硅等制作沉砂口和给矿口的耐磨件,可部分地解决这一问题,此外当用于闭路磨矿的分级时,因其容积小,对矿量波动没有缓冲能力,不如机械分级机工作稳定。

水力旋流器用砂泵(或高差)以一定压力(一般是0.5~2.5 kg/cm)和流速(5~12 m/s)将矿浆沿切线方向旋入圆筒,然后矿浆便以很快的速度沿筒壁旋转而产生离心力。通过离心力和重力的作用,将较粗、较重的矿粒抛出。

水力旋流器在选矿工业中主要用于分级、分选、浓缩和脱泥。当水力旋流器用作分级设备时,主要用来与磨机组成磨矿分级系统;用作脱泥设备时,可用于重介质选煤厂脱泥;用作浓缩设备时,可用来将选矿尾矿浓缩后送去充填地下采矿坑道。

水力旋流器无运动部件,构造简单;单位容积的生产能力较大,面积小;分级效率高(可达80%~90%),分级粒度细,造价低,材料消耗少。

悬浮液以较高的速度由进料管沿切线方向进入水力旋流器,由于受到外筒壁的限制,迫使液体做自上而下的旋转运动,通常将这种运动称为外旋流或下降旋流运动。外旋流中的固体颗粒受到离心力作用,如果密度大于四周液体的密度(这是大多数情况),则它所受的离心力就大,一旦这个力大于因运动所产生的液体阻力,固体颗粒就会克服这一阻力而向器壁方向移动，与悬浮液分离，到达器壁附近的颗粒受到连续的液体推动，沿器壁向下运动，到达底流口附近聚集成为大大稠化的悬浮液，从底流口排出。分离净化后的液体（当然其中还有一些细小的颗粒）旋转向下继续运动，进入圆锥段后因旋液分离器的内径逐渐缩小，液体旋转速度加快。由于液体产生涡流运动时沿径向方向的压力分布不均，越接近轴线处越小，至轴线时趋近于零，成为低压区甚至为真空区，导致液体趋向于轴线方向移动。同时，由于旋液分离器底流口大大缩小，液体无法迅速从底流口排出，而旋流腔顶盖中央的溢流口由于处于低压区而使一部分液体向其移动，因而形成向上的旋转运动，并从溢流口排出。

（二）单元编辑参数

水力旋流器单元参数包括结构参数和操作参数。

1. 结构参数

（1）水力旋流器直径：主要影响生产能力和分离粒度的大小。一般说来，生产能力和分离粒度随着水力旋流器直径增大而增大。

（2）入料管直径 D_i：入料口的大小对处理能力、分级粒度及分级效率均有一定影响。入料管直径增大，分级粒度变粗，其直径与旋流器直径呈一定比例，$D_i=(0.2～0.26)D$。

（3）锥体角度：增大锥角，分级粒度变粗；减小锥角，分级粒度变细。一般来说，对细粒级物料分级采用较小锥角的旋流器，通常取 10°～15°；粗粒级分级和浓缩用旋流器一般采用较大的锥角，通常在 20°～45°。水力旋流器内的流体阻力随着锥角的增大而增大。在同一进口压力下，由于流体阻力增大，其生产能力要减小。分离粒度随其锥角的增大而增大，总分离效率降低，底流中混入的细颗粒较少。

（4）溢流管直径：增大溢流管直径，溢流量增大，溢流粒度变粗，底流中细粒级减少，底流浓度增加。根据筒体直径确定溢流管直径，取值范围 $D_o=(0.2～0.4)D$，溢流管内径是影响水力旋流器性能的一个最重要的尺寸，它的变化会影响到水力旋流器所有的工艺指标。当进口压力不变时，一定范围内旋流器的生产能力近似正比于溢流管直径。

（5）溢流管插入深度：溢流管插入到旋流器内部的一节长度，即溢流管底部到旋流器顶盖的距离。减小溢流管插入深度，分级粒度变细；增大溢流管插入深度，分级粒度变粗；通常溢流管插入深度 $h=(0.3～0.7)D$。

（6）溢流管壁厚：研究表明，溢流管壁厚增加，可以在某种程度上提高旋流器的分离效率，并降低其内部能量损失，而且还能提高水力旋流器的生产能力。

（7）进料口断面尺寸：进料口的形状和尺寸对其生产能力、分离效率等工业指标有重要的影响。进料口的作用主要是将做直线运动的液流在柱段进口处转变为圆周运动。进料口按照截面形状可以分为圆形和矩形两种。

（8）底流口直径（d）：底流口直径增大，分级粒度变细，底流口直径减小，分级粒度变粗。根据旋流器直径确定底流口直径，取值范围 $d=(0.15～0.25)D$，底流口是旋流器中最易磨损的部位。底流口直径的增大，会使水力旋流器的生产能力相应增大，但其影响比进料口尺寸及溢流管直径的影响相对来说小一些。

（9）内表面粗糙度及装配精度：对其生产能力、分离效率等性能参数的影响较小。生产实践及研究发现，水力旋流器的内表面内衬耐磨橡胶，耐磨防腐，比较光滑，将会增大流动阻力,同时分离效率也有所增加,同时采用较粗糙内壁的水力旋流器,其流动阻力将会降低,同时底流量增大。

(10) 进料黏度:分离粒径和进料黏度的平方根成正比,即进料黏度的增加会导致分离粒径的增大。水力旋流器的生产能力和分流比也会随着黏度的增加而增大。

(11) 锥比:底流口直径和溢流口直径之比,是设计旋流器的主要参数,也是操作调整分级指标的重要因素。锥比大,分级粒度小;锥比小,分级粒度大。锥比取值范围为 0.35~0.65。由于溢流口直径是不可调参数,所以在生产中主要通过更换不同的底流口来选择适宜的锥比。

2. 操作参数

(1) 入料压力:旋流器工作的重要参数。提高入料压力,可以增大矿浆流速,物料所受离心力增大,可以提高分级效率和底流浓度,但通过增大压力来降低分级粒度收效甚微,动能消耗却大幅度增加,旋流器整体特别是底流嘴磨损更加严重。处理粗物料时采用低压力(0.05~0.1 MPa)操作,处理细粒及泥质物料时采用高压力(0.1~0.3 MPa)操作。

(2) 入料量:增大入料量,分级粒度变粗;减小入料量,分级粒度变细。

(3) 浓度:当旋流器尺寸和压力一定时,入料浓度对溢流粒度及分级效率有重要影响。入料浓度高,流体的黏滞阻力增加,分级粒度变粗,分级效率降低。实践表明,分级粒度为 0.074 mm 时,入料浓度以 10%~20% 为宜。

(4) 入料粒度:其变化会明显地影响水力旋流器的分级效果。在其他参数不变时,入料中小于分级粒度的物料含量少时,则底流中的细粒含量少,浓度高,而溢流中的粗颗粒含量增加,旋流器的分级效率下降;当入料中接近分级粒度的物料多时,则底流中的细粒物料多,溢流中的粗粒物料多,分级效果下降。

学习活动 2　工作前的准备

一、工具

本活动不使用工具。

二、仪器与设备

水力旋流器实训设备。

三、材料与资料

《选煤厂安全规程》《选煤厂工人技术操作规程》《选煤厂煤泥水处理》。

学习活动 3　现　场　施　工

【学习目标】

(1) 熟练掌握本活动安全知识,并按照安全要求进行操作。

(2) 正确操作水力旋流器。

【建议课时】

中级工：2课时。高级工：4课时。

一、工作任务

选择符合要求的水力旋流器及其布置方式，并正确操作、调节使用水力旋流器。

二、相关知识

1. 给料方式的选择

（1）定压方式：即利用高差让煤泥水自动流入旋流器，节省动力，但需要有较大的高差才能保持入料压力，所以需要较高的厂房高度。

（2）泵入料方式：目前最常用的方法，占地面积小，管路短，便于维修。但要消耗一定的动力，泵磨损较快，而且煤泥经过泵打也增加了粉碎。

2. 配置

多与其他设备联合组成系统，用于浓缩、分级，为后续作业提供保障。例如：浮选前分级除去粗粒，减少损失；煤泥筛前作为预浓缩手段，为其提供最佳入料条件；磁铁矿的浓缩和分级，为重介分选和稀介质的回收提供保证。

3. 安装注意事项

多为立式安装，成组配置。如果将底流口直接接到管道上，会使空气柱与大气不能顺利相通，会破坏空气柱的形状，使旋流器内流态不正常，应尽量避免这种情况。溢流管的排料应通畅。

当采用大直径旋流器时应倾斜安装，减少溢流口与底流口的高差，因为当两者高差较大时，会使底溢流量的比例发生变化，对旋流器工作不利。

当采用小直径旋流器时，必须设有控制入料粒度上限的措施，否则旋流器极易堵塞，无法正常工作。

4. 底流状态

在正常工作情况下旋流器底流应呈伞状喷出，伞中心有一定气孔，空气在向上流时带动内层矿浆由溢流管排出。当作浓缩旋流器时，底流可呈绳索状，此时底流浓度高；当作脱水用时，底流可呈大角度伞形，底流浓度低。

5. 旋流器工作状态的调节

影响旋流器工作状态的因素很多，在生产中一些因素是不易调整的，如溢流口、入料口等；一些因素是几乎无法调整的，如入料的粒度组成等；一些因素是可以随时调节的。在实际生产中，常用的调节手段有：

（1）采用变频调速器调节给料泵的转速，改变入料量。

（2）更换底流口。现设计的底流口多可以快速更换，有的甚至采用气动调节方式。

（3）从工艺流程中的前面工序入手，改变入料浓度。

现耐磨材料已有多种选择，有聚氨酯、氯丁橡胶、碳化硅、镍铬合金、白口铸铁及铸石等，除底流口仍需时常更换外，其他部件可数年不换。

三、任务实施

1. 分级旋流器操作工岗位要求

（1）应经安全和本专业技术培训，通过考试，取得合格后，持证上岗。

（2）掌握水介质旋流器的基本理论、选煤工艺流程及本作业的工艺作用。

（3）熟悉煤炭产品结构、产品指标及水介质旋流器处理后产品的指标要求，能根据煤质、产品指标进行操作，并分析指标低的原因及应采取的措施。

（4）掌握旋流器的构造、结构特点、主要工艺参数及其对指标的影响。

（5）熟悉水介质旋流器的感应系统、阀门位置及其调节方法，了解有关仪表的工作原理、结构、适用条件、维护保养方法及安全知识。

（6）认真执行《选煤厂安全规程》、岗位责任制、交接班制度和其他有关规定。

（7）上岗时，按规定穿好工作服和戴好有关劳保用品。

2. 操作前安全检查

按《选煤厂机电设备检查通则》要求，对设备进行一般性检查后，并进一步检查：

（1）入料管线接头、阀门不漏水，阀门应灵活、好用，无堵塞现象。

（2）水介质旋流器各部位，特别是入料口、排料口的磨损不能超过要求，无堵塞。

（3）水力旋流器的可调部件完整、灵活。

（4）系统内各仪表（如压力表、流量表、料位计等）应灵敏可靠，停车时指示应在相应的位置。

（5）了解入料的煤种、煤质不应有异常情况。

3. 正常操作

（1）接到开车信号后，确认正常，待下道工序正常运行后，即可通知煤浆泵送料。

（2）水介质旋流器给料后，观察仪表显示的流量、入料压力以及排料口排料的形状和浓度，了解其工作效果。

（3）水介质旋流器的操作因素有入料压力、入料浓度、入料量、中心管高度和底流排放方式。一般数据如下：

①入料压力通常取 $0.05 \sim 0.3$ MPa。提高入料压力，可使流量增加，改善分级效果，提高底流浓度，但底流口磨损大，动力消耗增加。

②入料浓度对分级效率和底流浓度有很大影响。分级粒度越细，入料浓度应越低，低浓度能获得较好的分级效果。分级时给料浓度一般控制在 250 g/L 下。

③中心管高度是一个重要的操作因素。精选时提高中心管高度可降低溢流产品灰分；反之，则使底流灰分增加。中心管位置不合适会使旋流器工作紊乱。

④底流的排放方式对分级效果影响很大，以使底流连续呈伞状旋转排出为好；底流呈柱状甚至间断排放，表明旋流器中部的空气柱被破坏，从而使溢流跑粗，分级效果降低。

⑤处理微细原料时，应采用较高给料压力或多台小直径旋流器并联工作。

（4）根据水介质旋流器的用途，检查底流、溢流的浓度、粒度组成和灰分，以判断旋流器的工作效率。

（5）在正常情况下，旋流器的入料闸门应全开，入料压力可通过调整入料管上阀门进行控制。

（6）应与来料泵司机保持密切联系，随时通报入料压力、浓度等变化情况，力求稳定旋流器的工艺参数，以保持良好的工作效果。

（7）发现旋流器底流中含过多粗粒度时，应及时与上道工序分级设备的司机联系，促使其提高分级效果，减轻旋流器不必要的负荷和损失。

（8）根据原料的数量和旋流器工艺参数要求，决定水介质旋流器的开动台数。

4. 特殊情况的处理

（1）必须定期检测水介质旋流器各主要部件的磨损情况，发现超限应及时更换。

（2）水介质旋流器上的检测仪表（如压力表、流量表、密度计等）显示不准或不动，应及时维护或更换。

（3）水介质旋流器排料口有时被杂物堵塞而断流，应及时将杂物排除，以保证其正常工作。

（4）调整中心管高度是水介质旋流器操作的重要因素，如调节失灵或磨损过多不能达到可调目的时，应立即停车处理。

5. 停车操作

（1）接到停车信号后，立即通知来料泵司机停车。停料后，关闭相应的闸门。

（2）检查清理旋流器入料口、排料口的杂物。

（3）检查有关管道、阀门有无漏水、堵塞、开启不灵的现象，发现问题及时处理。

（4）定期检查入料口、排料口、中心管及内衬的磨损情况。应通过实测来确定其磨损是否超限，严格按规定更换磨损部件。

（5）检查各仪表（如压力表、流量表、浓度计），发现不正常时应及时处理。

（6）利用停车时间按"四无""五不漏"要求对设备进行维护保养，并清理设备和环境卫生。

（7）按规定填写岗位记录，做好交接班工作。

模块三　煤泥水处理中混凝剂的使用

煤泥水处理是选煤厂重要且复杂的生产工艺。在煤泥水处理时，利用加入化学药剂使煤泥水中的悬浮物以较大颗粒或松散絮团的形式沉降分离的方法叫混凝处理。它是目前煤泥水深度澄清的主要手段之一。采用无机混凝剂，如 $FeCl_3$、明矾、石灰等进行的混凝处理一般称为凝聚；用高分子化合物，如聚丙烯酰胺等作混凝剂进行的混凝处理一般称为絮凝。进行这样区分的主要原因是两者的作用机理、沉降过程和应用场合有较大的差异。在工程实际中，絮凝和凝聚在很多情况下是混用的。就目前的煤泥水处理系统而言，一般采用适当的絮凝或凝聚技术，即添加高效的絮凝剂或凝聚剂，以加速煤泥水的净化、沉淀，使煤泥水可重复使用，从而达到节约水资源、降低成本的目的，否则很难经济、有效地实现煤泥水的闭路循环，满足环境保护对煤泥水处理的要求。其中，絮凝剂添加是一个重要而复杂的过程，絮凝剂添加的及时与否以及添加量的多少直接关系到煤泥水澄清液的浓度和澄清速度的快慢，直接关系到选煤厂洗出精煤的质量和产量。

学习任务一　煤泥水处理中干粉状絮凝剂制备

本学习任务为中级工、高级工都应掌握的技能。

【学习目标】

(1) 巩固书本中所学的干粉状絮凝剂相关知识。

(2) 掌握干粉絮凝剂制备时的基本操作和注意事项。

(3) 掌握干粉絮凝剂制备时设备检修及故障排查的方法。

【建议课时】

中级工：3课时。高级工：5课时。

【工作情景描述】

煤泥水处理时，利用加入化学药剂使煤泥水中的悬浮物以较大颗粒或松散絮团的形式沉降分离，现在提供的是干粉状药剂时，需如何制备得到水处理所需要的絮凝剂。

学习活动1　明确工作任务

【学习目标】

(1) 了解干粉絮凝剂制备系统流程、原理。

(2) 掌握干粉絮凝剂制备时的基本操作和注意事项。

(3) 掌握干粉絮凝剂制备时设备检修及故障排查的方法。

【建议课时】

中级工：1课时。高级工：2课时。

一、工作任务

通过学习干粉絮凝剂制备系统作业流程和原理，掌握干粉絮凝剂制备时设备检修及故障排查的方法，能够进行设备故障排查。

二、相关知识

（一）絮凝剂的定义和分类知识

1. 定义

絮凝剂是能够降低或消除水中分散微粒的沉淀稳定性和聚合稳定性，使分散微粒凝聚、絮凝成聚集体而除去的一类物质。

2. 分类

按照化学成分，絮凝剂可分为无机絮凝剂、有机絮凝剂以及微生物絮凝剂三大类。多数絮凝剂为高分子聚合物。

根据合成方法，絮凝剂可分为聚合型和缩合型两类。聚合型高分子絮凝剂是在聚合反应下生成的高分子化合物。人工合成的高分子絮凝剂中，应用最广的是聚丙烯酰胺及其衍生物。

（二）絮凝剂的作用机理

煤泥水由煤和水组成，其性质既与煤的性质有关，又与水的性质相关，并受它们之间相互关系的影响，主要由煤泥浓度、黏度、灰分、化学性质及煤泥的粒度组成。其中煤泥的粒度组成很大程度上决定了煤泥水沉降过程的难易程度，且随着粒度变细及细粒含量的增多，使颗粒的布朗运动加剧，煤泥水黏度增大，并使煤泥水具有某些胶体的性质，从而导致煤泥水长时间不能沉降，其均匀、稳定地悬浮在水体中，沉降效果差。

在连续生产过程中，稳定悬浮并大量集聚，使原煤浓缩机和尾煤浓缩机溢流浓度不断增高，进入洗水系统，造成恶性循环和连锁反应，进而严重影响浮选机分选效果，而且还影响商品煤量，更严重的是煤泥水外排导致环境污染。通过添加絮凝剂发生复杂的热物理、化学过程，产生凝聚和架桥作用，降低或消除颗粒间的排斥力，中和颗粒表面电荷，使颗粒结合在一起，体积不断增大。当颗粒聚集到一定体积程度时，便从水中分离出来形成絮团，使沉降速度大大提高。

（三）影响絮凝剂作用的因素

1. 煤泥水硬度

煤泥水中的钙、镁离子含量低时，絮凝效果较差。

2. 煤泥水浓度和粒度组成

絮凝剂用量与分散颗粒总比表面积成正比，因此煤泥粒度变小和浓度增加产生的影响虽然相同，当煤泥粒度变小时不仅絮凝剂用量增加，而且絮团结构也不如粗粒形成的絮团致密。

3. 煤泥水温度

煤泥水温度增加，絮团沉降速度加快。

4. 煤泥成分

絮凝剂分子在煤及各种矿物表面吸附能力不同，通常吸附在煤表面的絮凝剂较多。含有大量细泥的洗水量难澄清和沉降，往往需要凝聚剂、絮凝剂配合使用。

5. 煤泥水 pH 值的影响

高分子絮凝剂能在很宽的 pH 范围内起作用，但由于 pH 值直接影响颗粒表面电性、电荷密度、絮凝剂分子链上所带电性和电荷密度、颗粒之间的距离、絮凝剂分子链的伸展情况以及絮凝剂分子和颗粒的吸附程度等，因此煤泥水 pH 值对絮凝效果会产生一定的影响。一般在 pH=3.5~7 之间，絮凝后沉降速度最快，沉淀物高度也最小，煤泥水 pH 值在这一范围内时，絮凝效果受影响较小。

粉状絮凝剂制备系统图如图 3-1 所示。

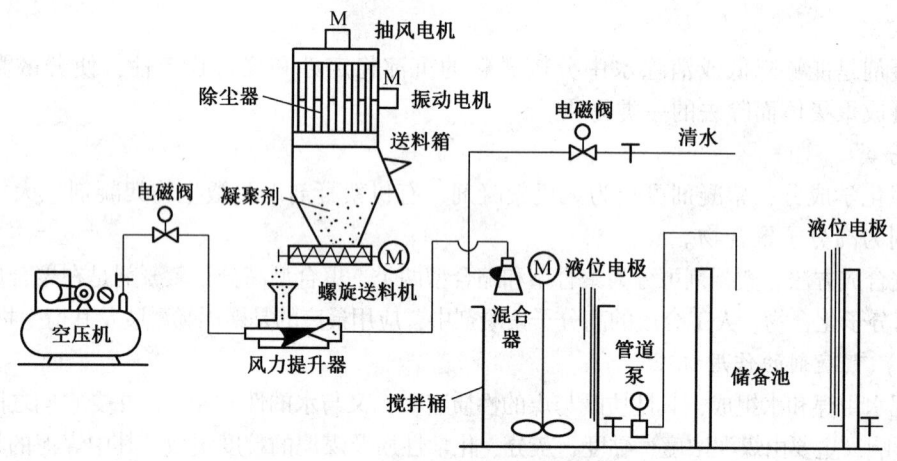

图 3-1 粉状絮凝剂制备系统图

（四）絮凝剂制备流程

本操作中用到的絮凝剂自动添加系统中的液态絮凝剂制备流程，如图 3-2 所示。

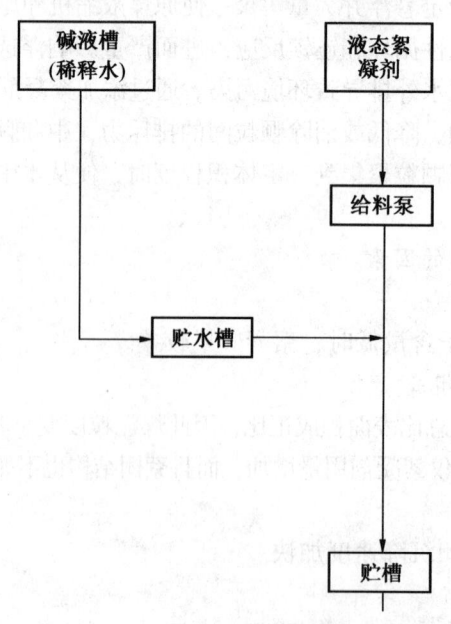

图 3-2 液态絮凝剂制备流程

学习活动 2　工作前的准备

一、工具

本活动不使用工具。

二、仪器与设备

絮凝剂制备系统。

三、材料与资料

粉状絮凝剂配制流程图。

学习活动 3　现　场　施　工

【学习目标】
(1) 掌握干粉絮凝剂制备时开机的操作及所要符合的条件。
(2) 掌握干粉絮凝剂制备时停机的操作及所要注意的问题。
(3) 掌握干粉絮凝剂制备时设备调试及故障排查的方法。

【建议课时】
中级工：2课时。高级工：3课时。

一、工作任务

按《选煤厂安全规程》要求安全、正确地操作干粉絮凝剂制备系统，能够及时发现并排查系统故障。

二、相关知识

1. 开机操作

(1) 将控制柜上的工作选择的转换开关调到自动位置，然后按下程序"停止"按钮等待10 s，再按下程序"启动"按钮，配制系统处于自动工作状态。

(2) 混合槽液位低于设定值9%以下时，系统开始自动下料进水搅拌，待成品贮槽液位低于设定值70%时，输送泵开始向贮槽内输送配制好的絮凝剂混合液。

2. 停机操作

系统自动工作时需要临时停下，则按下程序"停止"按钮约10 s，系统程序自动关闭，气动阀门关闭，系统处于停止等待状态。若要再次工作，只需重新按下程序"启动"按钮，系统将自动按设定的程序工作。

3. 设备调试及问题排查

(1) 调试设备时，按下程序"停止"按钮约10 s，待系统程序自动关闭。开泵前，先将泵连通管气动阀门手动开启再将工作选择转换开关调至手动位置，按下对应设备的"启动"按钮；停泵时按下"停止"按钮，即可进行单独手动操作。恢复自动时，先将手动开启设备停下,然后按下程序"停止"按钮约 10 s 后,再将转换开关调到自动位置,然后按下程序"启动"按钮,系统进入自动工作程序。

(2) 混合槽进水阀门在使用过程中易产生关闭不严现象,容易造成混合槽等待供料时间长时冒槽,每班必须加强巡回检查并控制进水。

(3) 控制系统出现报警信号时,首先检查是因为所开设备造成的报警,还是其他方面造成的;如果检查未发现明显故障时,按下报警"重设"按钮,警报解除,再重新启动设备。如果设备无法重新启动,通知有关人员进行检查处理。电动机使用时无变频保护,操作人员对电动机和泵应加强维护、勤检查,做到有问题及时发现及时处理。

学习任务二　煤泥水处理中液态絮凝剂制备

本学习任务为中级工、高级工都应掌握的技能。

【学习目标】

(1) 巩固书本中所学的液态絮凝剂相关知识。

(2) 掌握液态絮凝剂制备时的基本操作和注意事项。

(3) 掌握液态絮凝剂制备时设备调试及故障排查的方法。

【建议课时】

中级工:3 课时。高级工:5 课时。

【工作情景描述】

在煤泥水处理时,利用加入化学药剂使煤泥水中的悬浮物以较大颗粒或松散絮团的形式沉降分离,当提供的是液态药剂时,需如何制备得到水处理所需要的絮凝剂。

学习活动1　明确工作任务

【学习目标】

(1) 了解液态絮凝剂制备系统流程、原理。

(2) 掌握液态絮凝剂制备时停机的操作及所要注意的问题。

(3) 掌握液态絮凝剂制备时设备调试及故障排查的方法。

【建议课时】

中级工:1 课时。高级工:2 课时。

一、工作任务

通过学习液态絮凝剂制备系统作业流程和原理,掌握液态絮凝剂制备时机器检修及设备问题排查的方法,能够进行设备故障排查。

二、相关知识

絮凝剂的定义和分类知识,絮凝剂的作用机理,絮凝剂的结构、制备和性能,影响絮凝剂作用效果的工艺条件,均与模块三学习任务一中的相同,此处省略。

本操作中用到的液态絮凝剂制备系统中的液态絮凝剂制备流程,如图3-2所示。

学习活动2　工作前的准备

一、工具

本活动不使用工具。

二、仪器与设备

液态絮凝剂制备系统、滤清器、电源控制柜。

三、材料与资料

液态絮凝剂制备流程图。

学习活动3　现　场　施　工

【学习目标】

(1) 掌握液态絮凝剂制备时开机的操作及所要符合的条件。

(2) 掌握液态絮凝剂制备时停机的操作及所要注意的问题。

(3) 掌握液态絮凝剂制备时设备调试及故障排查的方法。

【建议课时】

中级工：2课时。高级工：3课时。

一、工作任务

按要求安全、正确地操作液态絮凝剂制备系统，能够及时发现并排查系统故障。

二、相关知识

1. 开机操作

(1) 检查完毕后，确认可以开启设备时，先按下程序"停止"按钮约10 s，然后再按下程序"启动"按钮，系统才能处于自动工作状态。

(2) 确定絮凝剂的添加量（可根据沉降槽的状况通过计算每分钟加入量来确定），在控制柜上调整絮凝剂给料泵的转速微调电位器，得到生产要求的配制量（絮凝剂给料泵转速的调整只能在现场控制柜上调整，主控室无法控制）。

(3) 在无特殊情况下，絮凝剂的自动程序操作不要随意变更，如果确实需要改变操作方式，操作完毕后做好交接班记录，每班必须有专人进行具体操作。

(4) 使用手动操作时，先按下液态絮凝剂系统的程序"停止"按钮约10 s，待自动程序完全停下后，将工作选择的转换开关调到手动位置，将所需要开启的设备转换开关调到相对应的设备；泵连通管阀门也要与所开设备一致，确认可以开泵后，再按下设备"启动"按钮开始工作。自动操作时，在停止手动操作后，先停泵，然后按下程序"停止"按钮约10 s，将控制模式转换开关调到自动位置，再按下程序"启动"按钮，系统才能自动操作。

2. 设备故障排查与维护

（1）系统使用过程中，控制系统出现报警信号时，应对所开设备进行检查（包括电动机温度、泵的进出口阀门控制、贮槽的液位、稀释水的供应、管道压力、气动阀门的工作状态等）。如果检查确认没有明显故障时，可按下警报"重设"按钮，待警报解除后，重新启动设备。若设备无法重新启动时，通知专业的技术人员进行处理。

（2）输送泵电动机无变频保护，操作人员必须对电动机和泵进行检查维护，保证设备正常工作。

学习任务三　煤泥水处理中絮凝剂计量输送泵的使用

本学习任务为中级工、高级工都应掌握的技能。

【学习目标】

(1) 巩固书本中所学的絮凝剂计量相关知识。

(2) 掌握絮凝剂计量输送泵使用时的基本操作和注意事项。

(3) 掌握絮凝剂计量输送泵检修及设备故障排查与维护。

【建议课时】

中级工：3课时。高级工：5课时。

【工作情景描述】

在煤泥水处理时，利用加入化学药剂使煤泥水中的悬浮物以较大颗粒或松散絮团的形式沉降分离，当提供给干粉状或液态絮凝剂时，需如何控制好絮凝剂的计量，以加速煤泥水的净化、沉淀，使煤泥水达到可重复使用的目的，从而达到节约水资源、降低成本。

学习活动1　明确工作任务

【学习目标】

(1) 巩固书本中所学的絮凝剂计量相关知识。

(2) 掌握絮凝剂计量输送泵使用时的基本操作和注意事项。

【建议课时】

中级工：1课时。高级工：2课时。

一、工作任务

根据提供给的干粉状或液态絮凝剂回顾所学的絮凝剂计量相关知识，掌握絮凝剂计量输送泵使用时的基本操作和注意事项。

二、相关知识

絮凝剂的定义和分类知识，絮凝剂的作用机理，絮凝剂的结构、制备和性能，影响絮凝剂作用效果的工艺条件，均与模块三学习任务一中的相同，此处省略。

本操作中用到的絮凝剂自动添加系统中的絮凝剂计量输送泵示意图,如图3-3所示。

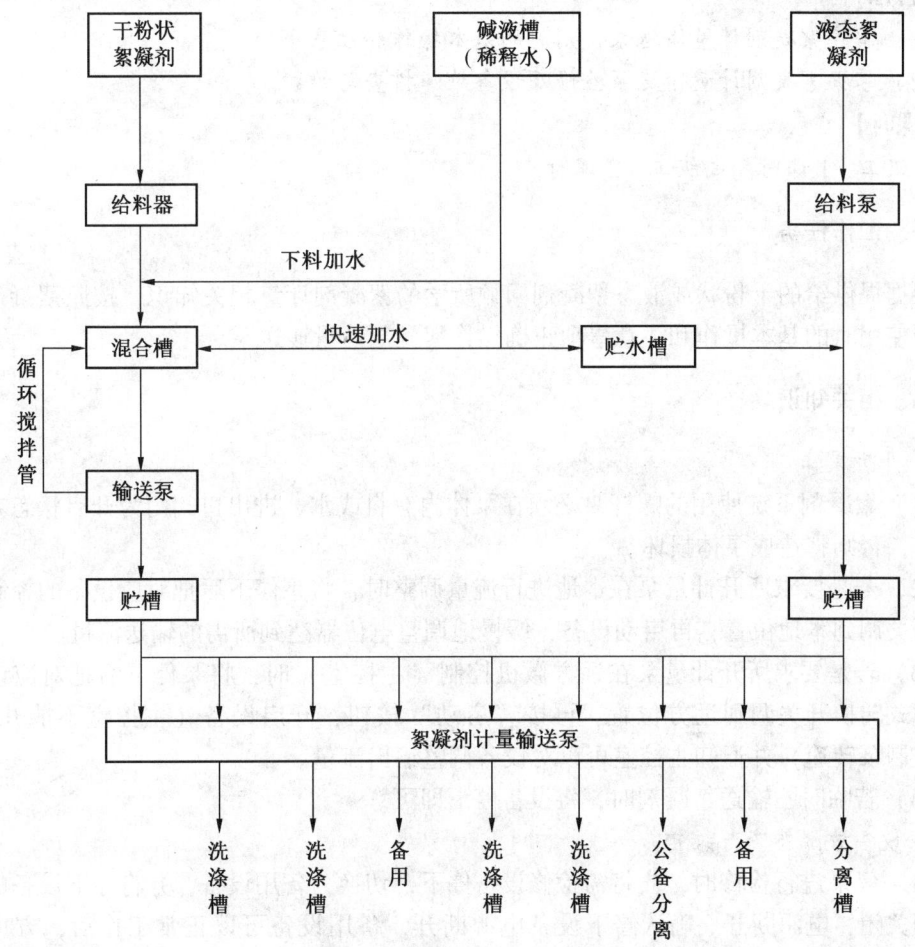

图3-3 絮凝剂计量输送泵示意图

学习活动2 工作前的准备

一、工具

本活动不使用工具。

二、仪器与设备

絮凝剂输送泵。

三、材料与资料

絮凝剂自动添加系统中的絮凝剂计量输送泵示意图。

学习活动3　现　场　施　工

【学习目标】
（1）掌握絮凝剂计量输送泵使用时的基本操作和注意事项。
（2）掌握絮凝剂计量输送泵检修及设备故障排查与维护。

【建议课时】
中级工：1课时。高级工：2课时。

一、工作任务

根据提供给的干粉状或液态絮凝剂回顾所学的絮凝剂计量相关知识，按照絮凝剂计量输送泵使用时的基本操作和注意事项正确操作絮凝剂计量输送泵。

二、相关知识

1. 开机操作

（1）絮凝剂系统使用的螺杆泵必须在泵体内有料或水，进出口阀门为开启状态方可开泵工作，否则将造成泵体损坏。

（2）若是要求所开计量泵在本地进行流量调整时，将泵停下后把对应设备的控制模式转换开关调到本地位置，再启动设备，缓慢地调整电位器达到所需的输送流量。

（3）若是要求所开计量泵在远方微机控制（主控室）时，将泵停下后把对应设备的控制模式转换开关调到远方位置，再按"启动"按钮，开启设备（主控室不能开停泵，只能控制泵转速）并通知主控室可以对设备调整输出流量。

（4）若临时不输送絮凝剂时，将设备停下即可。

2. 设备故障排查与维护

（1）停泵进行检修时，先将需检修设备停下，切换为备用设备，并将停下设备的进出口阀门关闭，电源断开。确认停下设备电源断开，备用设备可以正常工作后，方可进行检修。

（2）絮凝剂泵在运行中跳停报警时，先检查历史记录、电动机的温度、管道连通阀门状态、变频调整器的显示内容。检查设备无明显故障时，按下设备"停止"按钮约5 s，警报解除后，再重新启动设备。如果无法重新启动设备，通知专业技术人员进行处理。

模块四　煤泥脱水及回收设备

在选煤厂，用于煤泥脱水及回收的设备有很多，目前比较理想的设备有脱水筛，它的使用可以大大降低企业的投资成本，也提高了煤的产量和品质，同时有效解决了煤泥污染问题；压滤机主要用于黏度大、颗粒细的化工产品脱水和选矿厂精矿脱水等作业，脱水效率高、效果好，适应性强，且压滤脱水后尾矿的处理方式灵活，因此被广泛应用。

学习任务一　脱　水　筛

本学习任务为中级工、高级工都应掌握的技能。

【学习目标】

(1) 通过阅读设备维护（保养）记录单和现场勘查，明确学习任务要求。

(2) 根据任务要求和实际情况，合理制订工作（学习）计划。

(3) 了解脱水筛的主要使用类型［山西汾西矿业（集团）有限责任公司（以下简称集团公司）现用设备为主］。

(4) 了解脱水筛的工作原理。

(5) 正确认识脱水筛各零部件的组成。

(6) 正确使用与维护脱水筛。

【建议课时】

中级工：4课时。高级工：8课时。

【工作情景描述】

某矿脱水筛安装完毕后试运行正常，其脱水设备需要进行维护、保养，工作人员接到设备维护（保养）记录单后，按要求完成相关工作。

学习活动1　明确工作任务

【学习目标】

(1) 了解煤泥脱水的主要使用设备及工作注意事项。

(2) 了解集团公司洗煤厂脱水筛的种类，明确学习任务、课时分配等要求。

(3) 准确记录工作现场的环境条件。

【建议课时】

中级工：2课时。高级工：4课时。

一、工作任务

在接到任务后，工作人员应全面检查脱水筛运行前各部件的功能，了解维护（保养）

前脱水筛的运行情况,确定维护(保养)具体任务;重点是熟悉主要脱水筛的使用与维护。

二、相关知识

筛分脱水是在筛面上利用水本身的重力或水流的离心力通过筛孔泄水的过程。脱水筛是选煤厂使用最广泛的脱水设备,除用作脱水外,还用作脱介和脱泥。

振动筛是一种广泛应用于煤炭等行业物料的脱水筛分机械,这里主要介绍直线振动筛、高频振动筛。

1. 直线振动筛(直线筛)

直线筛是一种高效新型的筛分设备(图4-1),以其稳定可靠、消耗少、噪声低、寿命长、振型稳、筛分效率高、检修方便等优点广泛用于矿山、煤炭、冶炼、化工等行业。

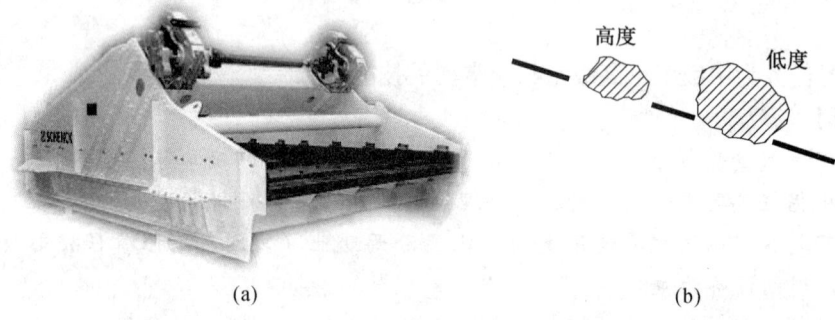

图4-1 直线筛

直线筛采用了双电极自同步技术,通用型偏心块、可调振幅振动器。主要由筛箱、激振器、支承系统及电机组成。通过胶带联轴分别驱动两个互不联系的振动器作同步反向运转,两组偏心质量产生的离心力沿振动方向的分力叠加,反向离心抵消,从而形成单一的沿振动方向的激振动,使筛箱做往复直线运动。

1)直线筛的结构

直线筛的结构如图4-2所示。

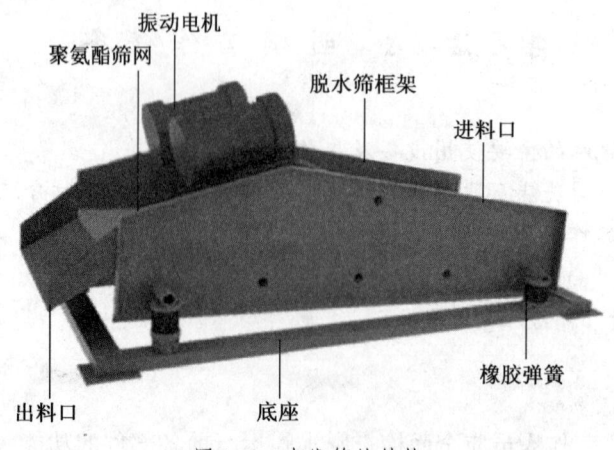

图4-2 直线筛的结构

2) 直线筛的优点

(1) 脱水筛筛网材质采用超高分子聚氨酯（UHMW-PE），耐冲击、耐低温、耐磨损、耐化学腐蚀、自身润滑、吸收冲击能，抗冲击性能在所有塑料中为最高值，耐磨性能优于聚四氟乙烯、尼龙、碳钢等材料。

(2) 脱水筛的振动电机更换方便，底座橡胶弹簧用来减震，使振幅不大，缓慢的振动可以使脱水、脱泥都十分干净。

(3) 脱水筛可以根据产量和含水量来定制，机身的侧板有加强板，底部装有支撑，底部打有横条，出料口加有三角形钢板支撑，板材厚。

(4) 振动电机固定采用高强度螺栓，底部弹簧为橡胶弹簧，弹簧的质量会影响振动电机的寿命。筛板固定的密度高，筛板中打有加强筋。

(5) 焊工焊过后不能出现焊孔，底部用槽钢支撑。

(6) 筛孔可以根据需要调整，设备噪声小，脱水效果好。

3) 直线筛的分类

筛机工作时，其本体运动轨迹为直线的振动筛，称为直线筛，物料在筛面上成近似匀速跳跃运动。直线筛按照筛面的倾角角度，又分为水平直线筛、倾斜直线筛、香蕉筛（等厚筛）。

(1) 水平直线筛：水平直线筛筛面与水平线平行，物料在筛面上近似匀速跳跃运动，通常简称为水平筛（图4-3）。水平直线筛的振动频率在16.5 Hz左右，即激振器转速在800~1000rpm之间。

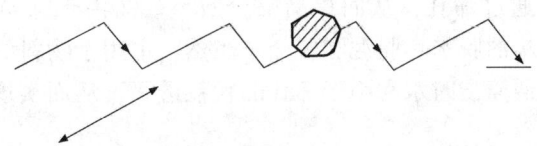

图4-3　水平直线筛

(2) 倾斜直线筛：通常为了提高处理量，有的场合需要将筛面提高一个角度，使得筛面与水平线之间7°~15°，物料在筛面上的运动速度要较水平直线筛快。很多情况下，简称为倾斜筛（图4-4）。倾斜筛虽然筛面倾斜，但其运动轨迹仍然保持直线运动。

图4-4　倾斜直线筛

(3) 香蕉筛：香蕉筛由于其外形像香蕉，故被称为香蕉筛（图4-5），根据物料在其筛面上床层基本等厚度特性，学名被定义为等厚筛。香蕉筛主要由弹簧、电动机、激振器、中间轴、驱动轴、筛框、筛梁、筛板轨座、聚氨酯筛板组成。香蕉筛的筛面倾角分为多段，根据筛面长度的不同，倾角的段数也不同，一般为5段或6段，甚至更多，每段的长度一般定义为1220 mm。

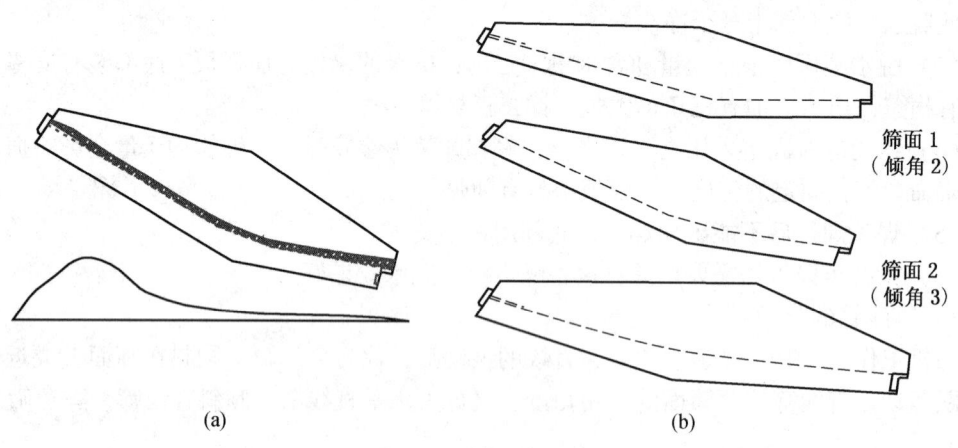

图4-5 香蕉筛（等厚筛）

香蕉筛的优点：①香蕉筛的动力平衡与物料在筛面上的运动状况较好。②香蕉筛的原理依赖于使物料的流动速度沿筛面变化，实现相对一致的料层厚度。达到加强物料层间作用和促使小于筛孔粒级通过筛孔，从而提高筛分效率。③由于筛箱运动中有较大的加速度，所以特别适合于煤炭的脱水、脱泥和脱介。当然，也用于物料的分级。④物料在抛起时被松散，在与筛面相遇撞击时水和小于筛孔的颗粒透筛，从而实现脱水、脱泥、脱介和分级。

2. 高频振动筛（高频筛）

高频筛由激振器、矿浆分配器、筛框、机架、悬挂弹簧和筛网等部件组成。其外形图如图4-6所示。

图4-6 高频筛外形图

高频筛的特点有效率高、振幅小、筛分频率高。它与普通筛分设备的原理不同，由于高频筛采用了高频率，一方面破坏了矿浆表面的张力和细粒物料在筛面上的高速振荡，加速了大密度（比重）有用矿物和析离作用，增加了小于分离粒度物料与筛孔接触的概率。从而造成了较好的分离条件，使小于分离粒度的物料，特别是比重大的物粒和矿浆一起透过筛孔成为筛下产物。

学习活动2 工作前的准备

一、工具

本任务不使用工具。

二、仪器与设备

直线筛、高频筛。

三、材料与资料

直线筛、高频筛的使用说明书，振动筛司机作业标准。

学习活动3 现　场　施　工

【学习目标】
(1) 熟练掌握本活动安全知识，并按照安全要求进行操作。
(2) 正确操作脱水筛。
(3) 正确对脱水筛进行保养和维护。

【建议课时】
中级工：2课时。高级工：4课时。

一、工作任务

(1) 正确操作脱水筛。
(2) 正确对脱水筛进行保养和维护。

二、相关知识

（一）振动筛安全技术操作规程

1. 安全技术操作规程

(1) 上岗前，本岗位工作人员必须穿戴好劳动保护用品。
(2) 在启动振动筛前，应检查筛机周围是否有妨碍其运转的障碍物，传动系统是否正常可靠，筛箱筛板及弹簧有无断裂，铆钉、螺栓是否松动。
(3) 启动后检查两个振动电机的转向是否相反。
(4) 检查振动电机偏心块之间的相位，应使两个电机之间的相位一致。
(5) 筛机空转，先启动、运转、通车一次，看有无异常现象和声音，停车共振时，筛机是否跳离弹簧。
(6) 筛机空转时，应检查筛机的运转是否平稳，并注意振动电机的温度情况，温度不得超过 70 ℃。

（7）接到开车信号时，及时通知下道工序开车，并做好收料准备后方可开车。

（8）带料运转时给料要均匀，使物料均布于筛面，如有物料跑偏现象，应调整给料点、支撑装置或弹簧、振动电机的激振力。

（9）运转中应经常检查电机、激振器轴承温度，测听筛子有无异响，发现异常情况应停机处理。

（10）观察筛子的振动情况，振幅是否在规定范围内。

（11）筛机停车时应停止给料，待筛面上物料全部干净后再停车，停车后要及时清理滞留在筛面的异物。

（12）工作结束后关闭电源，清理现场及设备卫生。

2. 振动筛操作规程

1）启动前的准备工作

（1）交接班时，交接人员须对设备运行、维修、维护情况进行交底。

（2）检查轴承的润滑情况是否良好，各润滑点是否有足够的润滑脂。

（3）检查底座及其他所有紧固件是否牢靠，必要时进行紧固。

（4）检查传动装置是否完好。对采用胶带传动的振动筛，检查胶带安装是否正确、数量是否齐全，若发现胶带破损应及时更换，当胶带或槽轮上有油污时应用干净纱布及时擦净。联轴器驱动的振动筛，应检查联轴器是否对中、螺栓是否松动，检查缓冲胶圈磨损情况。

（5）检查激振装置是否完好、筛格压紧装置是否压紧，检查振动筛倾角是否符合要求。

（6）检查胶带轮或联轴器等转动体防护装置是否完好，若发现防护装置松动、损坏、存在不安全现象时，应马上予以处理。严禁设备在无安全防护的状况下开机。

（7）检查粗网及细网有无破损，检查筛孔是否堵塞、筛面是否蓄料。有蓄料时，应先清理，严禁带料启动，以免振动筛因负荷过载而损坏电气或机械部件。

（8）检查筛箱及筛箱与进料箱的密封情况，发现密封条有磨损或缺陷时应及时更换。

（9）检查筛体支撑与悬挂装置。对采用橡胶垫的振动筛观察中空橡胶垫有无明显变形或者脱胶现象，当橡胶垫破损或者过度压扁时，应同时更换两块中空橡胶垫。对采用减震弹簧的振动筛，检查弹簧装置是否变形、是否有断裂情况。

（10）检查进料箱的连接是否松动，如果间隙变大会引起碰撞使设备破裂。

（11）用手盘动飞轮或拉动胶带，确认设备转动灵活后才可空载试车。

（12）对于配置软启动装置的筛分机，应检查装置是否有报警显示，如有应先通知机修人员予以排除。

（13）操作人员必须穿戴好劳动保护用品，严禁穿拖鞋、高跟鞋、裙子等影响自身安全的用品，长头发必须盘在安全帽内以防卷进设备内造成人身伤害。

2）开机运行注意事项

（1）开启设备空转 3~5 min，检查转向是否符合要求。

（2）检查有无异常声响，振动是否平稳，运转轨迹是否符合运转要求。

(3) 确保设备空转正常后，再投料进行筛分工作。

(4) 运行中定时检查出料情况，如有堵塞要及时疏通。

(5) 检查筛面布料是否均匀，必要时可先停机进行调整，待满足使用要求后可继续生产。

(6) 当出现异常声响、异常振动或振动过于剧烈而必须停车处理故障时，应立即停止喂料，对配重及激振装置进行检查和调整，待故障消除后方可重新进行生产。

(7) 当电气设备自动跳闸后，若原因不明，严禁再次启动。待维修人员进行处理后，才能再次投入运行。

3. 停机注意事项

(1) 必须按生产流程顺序进行停车，即先停止喂料，待物料全部筛分排出后停止振动筛和输料设备，筛网上不准积物料，以免给启动带来困难。

(2) 停机后，应检查润滑装置并擦洗部件，做好设备检查和保养工作。

(3) 清理现场，做好清洁卫生工作。

(4) 做好运行、润滑、维护与检修记录的填写。

(二) 振动筛的使用、维护与保养

1. 香蕉筛的维护与保养

1) 维护

(1) 只有在断开筛子驱动装置和进料系统的电源后，才可以维修或清洁设备。切勿爬上正常操作的筛子。

(2) 振动设备在非常繁重条件下进行运行，每天的受力运行周期超过百万次，物料在输送过程中经常具有磨损或腐蚀性，因此迅速修复设备的任何缺陷或故障是非常重要的，一个较小的问题如果被忽视，则会引起较大的结构上的损坏。

(3) 要遵循执行筛子的每日例行检查和每运行 200 h 的系统大检查，这将会降低维修费用，减少生产损失和增加设备运行效益。

(4) 激振器每运行 200 h，必须检查其油位；每运行 1000 h，必须更换油。

(5) 作为一般指导要求，设备每运行 1000 h，必须检查所有螺钉的紧固性。对于某些层板结构，更需要经常检查，这种检查直到确立适用的定期检查计划为止。

(6) 在一般情况下，螺钉和自锁定螺母只作为一次性使用，废弃卸下后的用过紧固件，不得再次使用，而要重新装上新的螺栓和自锁定螺母，并要在旋转紧固的部件之下装上热处理硬化的垫圈。

(7) 装入螺纹孔中的螺钉必须利用 Loctite 242（螺纹锁紧黏结剂），以便增强螺纹连接紧密性。

(8) 振动结构和所有连接的可运行部件（如弹簧、驱动轴等）必须能够正常运行。振动筛的任何部分不应碰撞固定的部件（如溜槽、平台），也不应在有聚集送料状态下进行工作。

(9) 要经常检查筛板并及时地清理黏附材料。要在发生完全失效之前进行修复或更换磨损的筛板模块或松动的筛板模块，以防止损坏其他筛机部件或其后流程服役的设备。

(10) 及时更换损坏的弹簧。除了处理不当或在弹簧圈中堆积材料之外，正常情况下弹簧具有很长使用寿命，一个弹簧出现故障可表明整套弹簧接近了使用期限。我们建议：

如果发现一个弹簧有故障，那么要更换在该支承部位的整套弹簧。

（11）设备每运行 200 h，要检查 V 形胶带的张紧状况和胶带完好情况。

（12）激振器使用的是壳牌 68 号工业齿轮油。

（13）油尺要在 160~170 之间。

（14）在每次换筛板时，要检查侧板（内侧板和下侧板）、横梁、筛板支承轨和连接板，并检查露出的各个部件。在任何情况下，至少每三个月检查筛板支承轨和连接板。

（15）从连接板部位清除任何松动密封材料，检查密封连接件的腐蚀迹象。如果有明显腐蚀，则必须拆卸连接件清除锈蚀，在表面涂以 25 μm 干膜厚的结构件用底漆，重新装上新紧固件并重新密封。利用 Sika205 清洁剂只以一个方向擦净连接板周围区域，然后使用 Sikaflex-260 或 Sikaflex-255 聚氨酯橡胶密封剂进行重新密封。

2）保养

（1）初运转 100 h 后应对振动器进行换油，以后每运转 1000 h 或 6 个月（两者中取先达到规定时间者）换油一次。

（2）严禁在筛箱上焊接或改变任何东西。

（3）如发现弹簧断裂或橡胶弹簧损坏，应立即停车处理，不得强行运转。

（4）定期检查三角胶带是否磨损、松动；检查筛板有无破损，各部螺栓有无松动。

（5）电机声音异常或温度超过 60 ℃，应立即停车。

2. 高频筛的安装调试、维护保养及使用说明

1）安装调试

（1）机器在安装前，先参照装箱单检查零部件是否齐全和损坏。

（2）机器在安装时，支承底架必须水平安装在基础上，基础应具有足够的刚度和强度来支承高频筛的全部动负荷和静负荷。

（3）利用筛箱耳轴吊运筛机，不可直接挂在激振器上吊运整个筛子。

（4）安装筛机时，应确保筛箱与料斗、料槽等一类非运动件之间保持最小 75 mm 的间隙。

（5）设备安装后，筛面左右保持水平，否则可在弹簧座与支承件间垫薄铁片进行调整。

（6）弹簧必须处于垂直状态，弹簧固定架固定在筛箱的耳轴上。

（7）振动筛驱动方向定为站在给料端，面对物料流动方向观察电机位置，左手方向为左向驱动，右手方向为右向驱动。本振动筛采用对称设计，两侧均有胶带轮。更换电机位置可实现改变左右驱动方向。

（8）确保 V 带张力有充分的调整量，两个胶带轮端面调整在一个平面内。

（9）试车前必须用手或其他方法转动激振器。转动灵活、无卡阻现象时，方可开动机器。

（10）安装调整结束后，应进行不少于 2 h 空载试运转，要求运转平稳、无异常噪声，轴承最高温度不超过 75 ℃。

（11）用户可根据现场使用情况，通过适当增减副偏心块的数量及调整振幅的大小达到理想的筛分效果。

2）维修与保养

（1）轴承正常的工作温度不应超过75 ℃，新激振器因为有一个跑合过程，温度可能略高一些，但经过运转8 h后温度应稳定下来，如果温度继续过高应停机检查。

（2）更换V带时，应完全松开电机地脚，方便放入胶带轮槽内，不允许用棍棒或其他物体撬V带，V带的张紧力必须适合，胶带轮必须对正，在首次调整张力又运行48 h后再重新调整一次。

（3）激振器与振动筛的筛箱联结的螺栓为高强度螺栓，不允许用普通螺栓代替，必须定期检查紧固性，最少每月检查一次。其中，任意一个螺栓松动都会导致其他螺栓剪断，引起筛机损坏。

（4）为了防止焊接引起的内应力，一般情况下不允许在现场对筛箱及任何辅助件进行焊接，焊接时必须由熟练的操作人员进行。建议采用的步骤：①焊补开裂时为防止裂纹延伸，在裂纹的每一端钻6 mm直径孔；②用圆铲子沿裂纹两面铲出坡口；③先预热60 ℃左右，用3 mm直径的506电焊条进行焊接，并防止任何夹渣和咬肉；④磨光两侧突起焊接；⑤如果需要在筛面托架横梁上焊接时，所有的焊缝应平行于横梁，不可横向焊接；⑥采用交流电焊接时，筛箱应接地，防止电流通过轴承，否则易导致轴承的损坏。

（5）火焰切割时，切割面周围会产生内应力，所以建议筛箱上的任何附加孔都应钻削加工。

（6）在编织筛网与筛网托架之间配备专用的缓冲套胶条。为了保证筛网达到最长的使用寿命，应使缓冲套胶条恰当地位于两者之间，发现损坏的缓冲套胶条应及时更换。

（7）更换编织筛网，应保证筛箱两侧板与筛网钩子之间有相等的间隙。为保证筛网表面张力均匀，要拉紧两侧张紧板并用手锤沿全长轻轻敲打检查张紧情况。若接触不好，张力不够或者不匀，是筛网过早损坏的重要原因之一。

（8）为了适当张紧筛网，筛网钩条长度必须和张紧板长度一致。

（9）当筛面采用分段筛网组装时，筛网需在一端留有搭接用的且不小于20 mm的延长量。

（10）拆卸激振器时，从外往里谨慎拆卸，避免人为损坏零部件。

（11）拆下的零部件应逐件清洗并仔细检查，发现损坏应及时修复或者更换。

（12）装配激振器（与拆卸顺序相反）。①必须在清洁的操作环境进行，同时各待装零件必须清洗干净、无毛刺，无影响振动筛整机性能的损坏；②不许用大锤直接敲打零件或者强制零件装配；③所有的螺栓孔一一对正后方能紧固；④如果一个轴承有损坏，通常另一个轴承受影响也有损坏，应同时更换；⑤迷宫密封装置的间隙内应充满润滑脂；⑥轴固定在激振器内后，应检查轴向串动量，应在1～1.5 mm之间。

3）使用说明

（1）运转前检查：①检查所订购的型号和规格是否相符；②是否在运行过程中受到污损、碰伤；③所装配电源是否与铭牌标识一致，电压误差不得超过±5%；④紧固部分有否松动，接地线必须安装牢固。

（2）使用注意事项：①电源开关（不可使用闸刀开关）及接地线应保证接触良好，严禁电机缺相运行，否则会造成电机烧损；②本机应放置在与四周最小保持500 mm距离的地方，以免发生碰撞。

（3）细网更换方式：①松开六颗塑料胶头螺母，取下上层料斗及网环；②细网应水平向上放置于网环上；③将圆条束紧器由上往下压入底部环形槽并锁紧；④重复以上步骤将束紧器压入上部环形槽并锁紧；⑤用剪刀剪去多余筛网。

（4）日常保养方法：①不使用时要切断电源；②清洗时严禁用水冲洗电机，以防漏电；③要保持筛网的清洁才能得到最佳的过滤效果，清洗筛网时可不用停机，根据过滤物质的不同采用相应清洗剂（如泥浆可用水冲洗，筛网严禁用尖硬物体碰撞）；④使用中若发生异常声音，请立即停机检查。

学习任务二 压 滤 机

本学习任务为中级工、高级工都应掌握的技能。

【学习目标】

（1）通过阅读设备维护（保养）记录单和现场勘查，明确学习任务要求。
（2）根据任务要求和实际情况，合理制订工作（学习）计划。
（3）熟练掌握压滤机的工作原理。
（4）正确认识压滤机各零部件的组成、使用与维护和有关电气的基本知识。
（5）了解集团公司各矿压滤机的种类，明确学习任务、课时分配等要求。
（6）准确记录工作现场的环境条件。
（7）熟悉压滤机的操作、检查、分析及防止和排除故障的方法。

【建议课时】

中级工：4课时。高级工：8课时。

【工作情景描述】

某矿压滤机安装完毕，试运行正常，其压滤机设备需要进行维护、保养，工作人员接到设备维护（保养）记录单后，按要求完成相关工作。

学习活动1 明确工作任务

【学习目标】

（1）了解集团公司各矿压滤机的种类，明确学习任务、课时分配等要求。
（2）正确认识压滤机各零部件的组成、使用与维护的基本知识。
（3）准确记录工作现场的环境条件。

【建议课时】

中级工：2课时。高级工：4课时。

一、工作任务

在接到任务后，工作人员应全面检查压滤机运行前各部件的功能，了解维护（保养）前压滤机的运行情况，确定维护（保养）具体任务。

二、相关知识

在选煤厂中,细粒物料的脱水较为困难,采用的脱水机械主要有沉降式离心脱水机、真空过滤机、压滤机。

压滤机(图4-7)是靠正压力工作的,只要机器允许,其压力可达1 MPa甚至更高。压滤机使用的滤布大都较细,因而滤液的浓度也低,所以压滤机处理细黏物料比真空过滤机有优势。

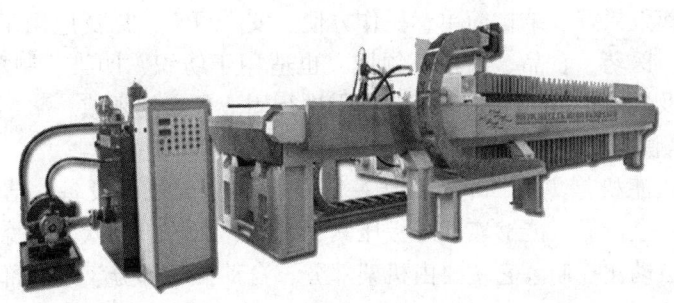

图4-7 压滤机外形图

(一)压滤机的分类和用途

1. 立式压滤机

立式压滤机的滤板水平和上下叠置,形成一组滤室,占地面积较小。它采用一条连续滤带,完成过滤后,移动滤带进行卸渣和清洗滤带,自动化操作。压滤机的适用范围广,结构较简单。

2. 带式压滤机

广泛用于城市污水处理、化工、炼油、冶金、造纸、制革、食品、选煤、印染等行业的污泥脱水,该机连续作业,自动化程度高、节能、高效、使用维护方便,是污泥脱水的设备之一。

3. 卧式压滤机

1)板框压滤机

板框压滤机由交替排列的滤板和滤框构成一组滤室。滤板的表面有沟槽,其凸出部位用于支撑滤布。滤框和滤板的边角上有通孔,组装后构成完整的通道,能通入悬浮液、洗涤水和引出滤液。板、框两侧各有把手支托在横梁上,由压紧装置压紧板、框。板、框之间的滤布起密封垫片的作用。供料泵将悬浮液压入滤室在滤布上形成滤渣,直至充满滤室。滤液穿过滤布并沿滤板沟槽流至板框边角通道,集中排出。过滤完毕,可通入清洗涤水洗涤滤渣。洗涤后,有时还通入压缩空气,除去剩余的洗涤液。随后打开压滤机卸除滤渣,清洗滤布,重新压紧板、框,开始下一工作循环。

板框压滤机对于滤渣压缩性大或近于不可压缩的悬浮液都能适用。适合的悬浮液的固体颗粒浓度一般为10%以下,操作压力一般为0.3~0.6 MPa,特殊的可达3 MPa或更高。过滤面积可以随所用的板框数目增减。板框通常为正方形,滤框的内边长为200~2000 mm,框厚为16~80 mm,过滤面积为0.5~1200 m^2。板与框用手动螺旋、电动螺旋和液压等方式压紧。板和框用木材、铸铁、铸钢、不锈钢、聚丙烯和橡胶等材料制造。

2）厢式压滤机

厢式压滤机主要由滤板、滤板移动装置、活动头板、固定尾板、液压系统构成。相邻滤板之间由活动头板移动压紧而构成厢式过滤室。入料矿浆由固定尾板经各滤板中心孔进入各滤室，整个压滤过程是在入料矿浆不断传递的压力条件下进行的，滤饼不断充满滤室，滤液则穿过已形成的滤饼、滤布、滤板泄水沟经滤板排出。

厢式自动压滤机是一种间歇性操作的加压过滤设备，适用于各种悬浮液的固液分离，适用范围广、分离效果好、结构简单、操作方便、安全可靠；广泛应用于选煤、石油、化工、染料、冶金、医药、食品、酒精等领域，也适用于纺织、印染、制药、造纸、皮革、味精等工业废水及城市生活污水处理等各种需进行固液分离的领域。

3）快开式隔膜压滤机

快开式隔膜压滤机是集机、电、液于一体的先进分离机械设备，结构合理、操作简单、维护方便、安全可靠，能够实现滤板压紧、过滤、压榨、反吹、洗涤、滤板松开、卸料等各道工序的自动化控制。它主要由机架部分、自动拉板部分、过滤部分、液压部分和电气控制部分组成。

（1）机架部分：整套设备的基础，主要用于支撑过滤机构和拉板机构。该部分由止推板、压紧板、机座、油缸体和主梁等组成。设备工作运行时，油缸上的活塞杆推动压紧板，将位于压紧板和止推板之间的滤板及煤泥压紧，以保证带有一定压力的滤浆在滤室内进行加压过滤。

（2）自动拉板部分：拉板系统由变频电机及减速器、拉板小车、链轮、链条等组成，在 PLC 控制下，变频电机转动，通过链条带动拉板小车完成取拉板动作；也可手动控制拉板过程中的前进、停止、后退动作，以保证卸料顺利进行。

（3）过滤部分：整齐排列在主梁上的滤板和夹在滤板之间的过滤介质组成。增强聚丙烯滤板主要是选用优质聚丙烯使用独特配方压制而成，机械性能良好，化学性能稳定，具有耐压、耐热、耐腐蚀、无毒、重量轻、表面平整光滑、密封好、易洗涤等特点。过滤开始时，滤浆在进料泵的压力作用下，经止推板的进料口进入各滤室内，滤浆借助进料泵产生的压力进行固液分离，由于过滤介质（滤布）的作用，使固体留在滤室内形成滤饼，滤液由水嘴或出液阀排出。若滤饼需要洗涤，可由止推板上的洗涤口通入洗涤水，对滤饼进行洗涤；若需要含水率较低的滤饼，可从洗涤口通入压缩空气，透过滤饼层吹出滤饼中的一部分水分。

（4）液压部分：主机的动力装置，在电气控制系统的作用下，通过油缸、油泵及液压元件来完成各种工作。可实现自动压紧、自动补压、高压卸荷及自动松开等功能。

（5）电气控制部分：整个系统的控制中心。它主要由变频器、PLC（可编程控制器）、热继电器、空气开关、断路器、中间继电器、接触器、按钮、信号灯等组成。

自动压滤机工作过程的转换是靠 PLC 内部计时器、计数器、中间继电器及 PLC 外部的行程开关、接近开关、电接点压力表（压力继电器）、控制按钮等的转换而完成的。其电气控制过程可分为高压卸荷、松开、取板、拉板、压紧、保压和补压等，如图 4-8 所示。自动拉板压滤机外观如图 4-9 所示。

模块四 煤泥脱水及回收设备

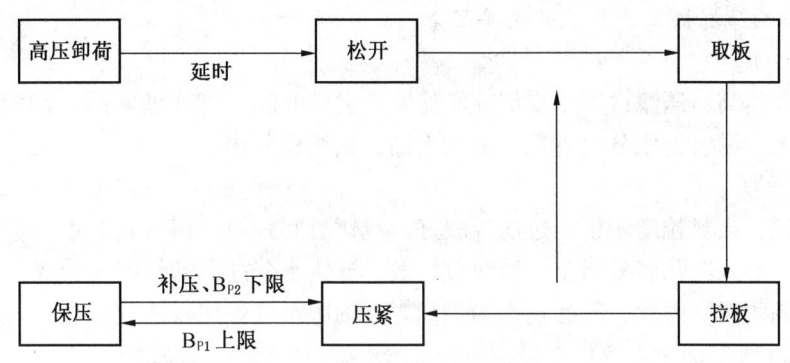

图 4-8 电气控制过程图

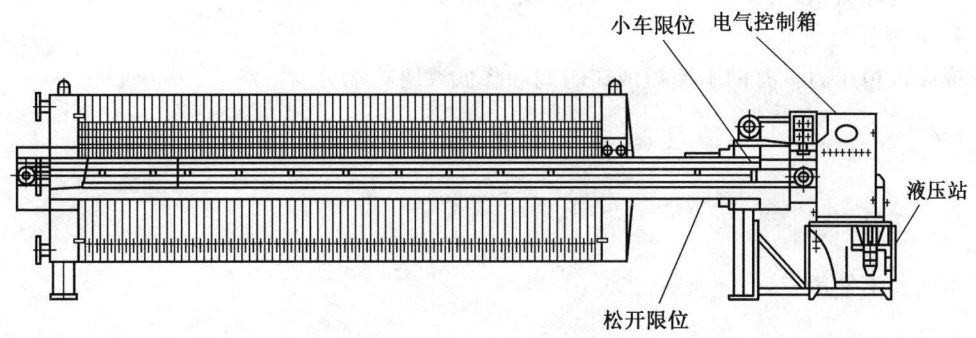

图 4-9 自动拉板压滤机外观图

高压卸荷：当进料过滤过程完成后，按"程序启动（SB_1）"按钮，启动压滤机开始卸料，高压卸荷阀（YV_0）将油缸内的高压卸掉，以防止压紧板松开时液压系统受冲击（仅配 63 mL/r 柱塞泵以下无电磁球阀），高压卸荷时间由 PLC 控制，当延时时间达到后，压滤机自动转入压紧板松开状态。

松开：油泵电机（M_2）启动，松开阀（YV_2）得电，液压站向油缸前腔供油，活塞杆带动压紧板后退，滤室被打开，开始卸料，当压紧板接触到松开限位开关（SQ_1）后，压滤机自动转入取板状态。

取板、拉板：拉板电机（M_3）启动，带动小车（拉板器）开始取板，变频器发出过载信号后自动反转进入拉板状态，在拉板过程中如果变频器发出过载信号则转入取板状态，此为取板、拉板循环，完成卸料过程。

压紧：取拉板动作完成且接触到小车限位 SQ 后，油泵电机（M_4）运转，压紧电磁阀（YV_1）得电，液压站向油缸高压腔供油，活塞杆带动压紧板前进，从而推动滤板执行压紧动作，当滤板与止推板相接触时，液压系统压力上升，当达到设定压力上限值时压滤机自动转入保压状态。

补压：由于泄漏等原因会使液压系统压力逐渐下降，当其下降到压力下限值时，压滤机油泵电机自动启动，压紧补压，使压力表恢复上限值。

(二) 影响压滤机工作效果的主要因素

1. 入料浓度

入料浓度越高，压滤过程中煤泥充满滤室所需的时间（即压滤时间）越短，压滤机的处理能力越大，滤饼的水分也越低。浓度太高，则给料困难。

2. 入料粒度

一般来说，入料粒度较粗，过滤性较好，成饼时间较短。但入料粒度粗会带来下列问题：压滤机中心入料孔容易堵塞，结饼较松散，滤饼水分高；卸饼时粗粒煤泥往往黏在滤布下端，影响闭封。因此，压滤机作为黏细煤泥的脱水设备比较适宜。

3. 压滤时间

压滤时间越长，滤饼的水分越低，但降低了压滤机的处理能力。压滤时间受入料压力、入料浓度和滤饼水分等影响，一般为 1 h 左右。其具体操作是观测滤液的流速即当滤液一滴一滴地流出时，即可停止压卸饼。

4. 入料压力

提高入料压力，有助于缩短成饼时间和降低滤饼的水分。

学习活动2　工作前的准备

一、工具

本活动不使用工具。

二、仪器与设备

快开式隔膜压滤机。

三、材料与资料

快开式隔膜压滤机的使用说明书。

学习活动3　现场施工

【学习目标】

（1）熟练掌握本活动安全知识，并按照安全要求进行操作。
（2）熟悉本岗位压滤机的设备维护保养方法。
（3）正确操作压滤机。

【建议课时】

中级工：2课时。高级工：4课时。

一、工作任务

熟悉本岗位压滤机的设备维护保养方法和基本知识，按照安全要求正确操作压滤机。

二、相关知识

（一）压滤机安装调试注意事项

（1）压滤机应安装在平整的混凝土基础上。进料端的止推板机脚用地脚螺栓固定在基础上；支架端不用地脚螺栓或地脚螺栓定位后用两只螺母锁紧，螺母垫片与机脚座之间留适当间隙，这机脚可微量伸缩。定位前安装人员应校正横梁与止推板大平面的垂直度。

（2）地基结构应由建筑工程人员按设备负荷情况进行设计，地脚螺栓以预留孔位两次灌浆为宜。

（3）压滤机四周应有足够的操作维护空间，液压压紧压滤机要选择适当的位置放置液压站，确保液压站能正常工作。

（4）按工作要求放好滤板，布置进料、洗涤及排液管路。配备过滤压力显示表和控制过滤压力的回流通道，若是隔膜挤榨式则布置压缩空气管路。

（5）液压压滤机，液压站油箱内注入清洁的 20～40 号液压用机械油，使用温度超过-5 ℃；如环境温度偏低，可选用相似黏度、低凝点的液压油。液压油须经 80～100 目滤网加入。

（6）机械或液压压紧装置，接通电源启动电机应工作正确。液压压紧加压时压力表应平稳上升，液压系统无泄流现象，根据机型大小正确调整液压站工作压力，试机后若发现油箱贮油不足须予以补充。

（二）快开式隔膜压滤机的安全技术操作规程

1. 操作前的准备工作

（1）在压滤机启动之前，必须对该设备进行全面的检查：①检查液压泵站油位（油位过低及时补油）和各种压力表、液压元件及管路系统有无损坏、泄漏、堵塞；②检查滤板有无破裂，橡胶隔膜有无撕裂，滤布是否干净无破损，滤布密封面有无残渣，中心入料孔是否畅通；③检查电控柜的仪表、指示灯、元器件以及各管道阀门，以保证运行安全，若有异常情况应及时更换和排除，并经常保持电控柜的清洁；④检查机器的各连接部件是否完好，链轮传动系统和卸料机构如轴承、链轮、链条等润滑应良好；⑤检查压滤机操作系统有无故障；⑥检查高压风阀是否打开，管路上滤油器是否干净，空压机各指示仪表是否完好，风压压力是否大于 6kg；⑦空压机油位应加至油窗的 1/2 处；⑧检查入料管路闸阀是否打开，气动阀是否处于要求的开闭状态；⑨用手转动皮带轮有无妨碍运转的现象；⑩入料矿浆浓度应稳定在 50% 左右。

（2）穿戴个人劳动防护用具。严格执行相关安全技术操作规程、岗位责任制、交接班制度和其他有关规定。

2. 运行中的操作规程

1）压滤机的操作流程

启动油泵→压紧滤板→启动料泵→进料过滤→洗涤滤饼→隔膜压榨→松开滤板卸滤饼→清洗整理滤布。

2）手动操作程序

（1）开车入料：①打开压滤机电源，工作方式置于"手动"，启动油泵，油缸压紧滤板，待压力表指针达到上限时，指示灯 P1 亮，油泵电机自动停止。②打开入料阀，启动入料泵开始入料。根据物料情况，在入料完毕后关闭入料泵，停止入料。

(2) 进气压榨及进气反吹：①关闭入料阀，打开反吹阀，将中心入料管中的料液吹空后关闭反吹阀；②打开进气阀，排气阀同时关闭，进行二次压榨，待滤板排水管不再排水时，二次压榨结束，关闭进气阀（排气阀同时打开）；③打开反吹阀，将中心入料管中的残料及过滤水吹空后，关闭反吹阀。

(3) 拉板卸料：①启动油泵电机，松开油缸，指示灯L4亮；②滑块上升，其上限指示灯S1、S2亮；③马达1拉开，一次拉卸料（56~39）指示灯L1亮；④马达2拉开，一次拉卸料（01~18）指示灯L2亮；⑤马达3拉开，一次拉卸料（19~37）指示灯L3亮；⑥拉开卸料时，应视卸料情况启动卸料机构。

(4) 滤板合拢压紧：①马达1合拢，指示灯L0亮时，合拢完毕；②滑块下降，下限指示灯S3、S4亮；③油缸压紧滤板，打开入料阀，进入下次循环。

3) 自动操作程序

在一次马达拉开位置（L1亮）和滑块上升位置S1、S2亮时，程序选择按钮切换到自动位置，然后先按工序停止按钮3 s，再按工序启动按钮3 s，自动程序开始工作。

(1) 自动压滤工作过程：快速高效隔膜压滤机工作循环分为合拢压紧、入料过滤、压榨脱水、分组拉开卸料4个阶段。①合拢压紧：启动油泵油缸压紧自动停泵。②入料过滤：开入料阀，开入料泵，待出水管滴水不成线时，关入料泵，关入料阀，开反吹阀，关反吹阀。③压榨脱水：开压榨阀，关压榨阀，开反吹阀，关反吹阀。④分组拉开卸料：启动油泵，油缸松开滑块上升，一次马达拉开卸料，二次马达拉开卸料，三次马达拉开卸料，一次马达合拢，滑块下降，油缸压紧，回到初始状态。

(2) 自动运行时，中间需要停车时按一下工序"停止"按钮，处理完毕故障后按一下工序"启动"按钮，程序继续进行。

(3) 自动切换手动时，应长按工序"停止"按钮使程序复位，按钮切换到手动位置。

4) 操作注意事项

(1) 停车时，滑块应处于下降位置，油缸处于松开状态，关闭油泵电机，按下紧停钮。

(2) 设备运行过程中应随时注意观察，发现问题及时处理。观察压力表显示是否正常，指示灯指示是否正常；入料时，有喷料发生时应立即停止入料泵，停车处理。

(3) 每班应清洗一次滤布，确保滤布干净；入料过程中，发现滤液排黑水时，应检查滤布是否损坏，发现损坏及时更换。

(4) 应注意入料时间，防止入料时间过长而使中心入料孔堵塞造成滤板的损坏，发现堵塞后及时疏通。在卸料时，应把粘料处理干净，防止夹煤饼而损坏滤板。

(5) 严禁空腔压榨，防止隔膜损坏，过滤板和压榨板是间隔布置的，不得随意颠倒顺序和减少滤板使用，且两种滤板的安装方向不能颠倒。应对设备进行定期维护保养，对各链轮、链条、轴承及滚动轮定期加油，注意各部件的松动情况，及时处理存在的问题。

(6) 设备操作互锁限位，必须等指示灯亮后方可做下一个动作。①马达1合拢时，必须在S1、S2、L3亮时（L0亮时不能合拢）；②压紧时，滑块必须在下降位置S3、S4亮时；③滑块必须在上限位置 S1、S2 亮时，才能一次拉开；④滤板合拢限位 L0 亮时，滑块才能下降；⑤油缸松开限位 L4 亮时，滑块才能上升。

（7）在主菜单中可监视油泵电机的工作状态，正常或过载。若面板上的故障指示灯闪烁，请查看油泵监视状态；若过载，请复位电机热继电器。

3．运行中的检查

（1）压滤机工作声音有无异常，如有异常立即报告。

（2）目测滤饼的水分，滤饼下料是否通畅。

（3）巡查液压系统工作情况，有无渗漏现象。

（4）必须严格控制滤板压紧压力（主副油缸额定工作压力为 16 MPa，锁紧油缸额定工作压力为 10 MPa，卸料油缸额定工作压力为 10 MPa，液压马达额定工作压力为 10 MPa）、入料压力（0.6~0.8 MPa）、压榨压力（0.6~0.8 MPa），不得超过规定值。

（5）检查给料桶中物料不得混有垃圾和杂质，不得有块状和条状物，以免堵塞进料口通道，损坏滤布。

（6）入料粒度应控制在 1 mm 以下，控制进料量（一般情况下当出液效果显著下降时，即可停止进料）。

（7）检查空压机有无漏气，有无异常声响，管道有无剧烈振动。

（8）检查各指示仪表指示是否正常，空压机温度不得超过 40 ℃。

4．运行结束的操作规程

（1）停机后应放空压滤机及管道内的剩余矿浆，并用清水清洗过滤腔室、滤布及滤板，以免堵塞管道、滤板、滤布而影响以后正常生产。

（2）检查滤板，如有破损和老化，应及时汇报处理。

（3）检查滤布，如有破损要及时汇报处理（更换滤布时，为保证安全需穿戴好防护眼镜、防护口罩、防护手套、防护工作服）。

（4）检查液压系统用油，定期清洗滤油器，以保证液压系统正常工作。

（5）检查控制柜内外各器件，特别是外部器件（如接近开关、压力继电器等），如有异常情况要及时处理。

（6）停车后做好岗位卫生。

（7）操作者向接班者详细交清当班设备的运行状况、出现的故障及存在的问题，严格履行交接班手续并填写记录，方可下班。

（三）压滤机的保养

压滤机在使用过程中的保养非常重要，需要对配合部位和传动部位进行润滑和保养，尤其是自动控制系统的反馈信号位置（电接点压力表及行程开关等）和液压系统液压元件动作的准确性和可靠性必须得到保证，这样才能保持正常工作，为此应做到以下几点：

（1）随时仔细检查各连接处是否牢固，各零部件使用是否良好，发现异常情况要及时通知维修人员进行检修。

（2）对拉板小车、链轮链条、轴承、活塞杆等零件要定期进行检查，使各配合部件保持清洁，润滑性能良好，以保证动作灵活，对拉板小车的同步性和链条的悬垂度要及时调整。

（3）对电控系统要定期进行绝缘性和可靠性试验，发现由电气元件引起的动作准确度差、不灵活等情况要及时修理或更换。

（4）对液压系统的保养主要是对液压元件及各接口处密封性的检查和维护。

（5）要经常检查滤板的密封面，以保证其光洁、干净；压紧前，要对滤布进行仔细检查，保证其无折叠、无破损、无夹渣，使其平整完好，以保证过滤效果；同时要经常冲洗滤布，保证滤布的过滤性能。

（6）如果长期不使用，应将滤板清洗干净后整齐排放在压滤机的机架上，用 1 MPa 压力压紧。滤布清洗后晒干。活塞杆的外露部分及集成块应涂上黄油。

（7）液压油使用 HM 或 HM8 号，而且必须保持清洁。新机第一次运行一周时要更换一次液压油，换油时要把油箱和油缸内使用过的液压油放净并把油箱擦净。继续使用一个月后再更换一次，以后半年更换一次，这样可保证压滤机的正常使用。

（四）压滤机的使用注意事项

（1）仔细检查滤布规格是否符合工艺要求，有无破损，安装时是否平整无折叠。

（2）检查滤板安装排列是否正确，密封面是否干净。

（3）压滤机在压紧后，通过进料泵开始工作，进料压力必须控制在标牌上的额定压力（用压力表显示）以下，否则将会影响压滤机的正常使用。

（4）过滤开始时，进料阀应缓慢开启，起初滤液较为浑浊而后转清，均属正常现象。

（5）在冲洗滤板和滤布时，注意不要让水溅到液压站或电控柜上。

（6）溢流阀在出厂前已调试好，若用户需自行调节工作压力，应把溢流阀全部调松，然后启动油泵，慢慢调整高压溢流阀到所需要的压力，但不能超过本机所规定的最大压力。

（7）更换滤板时，严禁碰撞，以免损坏；不可擅自取出滤板，以免活塞杆因超出行程而损坏机件；滤板损坏时，应及时更换，否则会引起其他滤板的损坏。

（8）液压油用 HM 或 HM8 号的油液，通过过滤器注入油箱，必须达到规定液面；油箱应封闭好，防止杂物及污水进入油箱，以免使液压元件生锈失灵。

（9）电控柜要保持干燥，压力表、电磁阀线圈及各电气元件要定期检查，以确保设备正常工作。

（10）工作结束后，要关闭开关，切断电源，以保证安全。

（五）压滤机的常见故障及处理办法（表 4-1）

表 4-1　压滤机的常见故障及处理方法

序号	故障现象	故障原因	处理方法
1	压力不足	溢流阀损坏	维修或更换
		油位不够	补充液压油
		油泵损坏	更换油泵
		阀块和接头处泄漏	拧紧或更换"O"形圈
		油缸密封圈磨损	更换密封圈
		阀内漏油	调整或更换

表 4-1（续）

序号	故障现象	故障原因	处理方法
2	保压不佳	活塞密封圈磨损	更换密封圈
		油路泄漏	检修油路
		液控单向阀堵塞或磨损	清洗或更换
		电磁球阀堵塞或磨损	清洗或更换
3	滤板隔膜板之间漏料	料泵油量压力超高	调整回流阀
		滤板密封面夹有杂物	清理干净
		滤布不平整，有折叠	整理滤布
		压力不足	调整压力
4	滤板破裂	过滤时进料压力过高	调整进料压力
		进料温度过高	换高温板或滤前冷却
		进料速度过快	降低进料速度
		滤板进料孔堵塞	清理进料孔
		滤布破损	更换滤布
		出液口堵塞	清理干净
5	滤板向上抬起	安装基础不平整	重新修正地基
		滤板下部除渣不净	清除干净
6	滤液不清	滤布破裂	更换滤布
		滤布选择不当	重新试验、更换滤布
		滤布开孔过大	更换滤布
		滤布缝合处开线	重新缝合
7	液压系统有噪声	吸入空气	打开放气阀放气
		紧固件松动	将紧固件紧固
		液压油黏度过大	降低液压油黏度
8	主梁弯曲	油缸端地基粗糙、自由度不够	重新安装
		滤板排练不平行，拉板不同步	重新排列滤板，调整拉板小车同步性
9	不能进行取板	变频器故障或中间继电器问题	检查变频器是否故障或继电器输出是否正常
10	不能进行松开	行程开关问题	维修行程开关
		存在压榨压力或压榨压力表触电接触不好	排空压力或维修压力表

模块五　煤泥水处理系统

煤泥水处理系统的选择取决于许多因素，而选定的煤泥水处理系统效果也取决于许多因素。随着原料的变化、用户的改变、环保的实施、相关科学技术的发展，煤泥水的流程、设备、方法、管理都在不断变化，不断地有新设备和新工艺出现，使之不断地趋于完善。总之，煤泥水处理系统是一个十分复杂和影响因素众多的系统工程。

学习任务一　煤泥水处理系统流程

本学习任务为中级工、高级工都应掌握的技能。
【学习目标】
（1）通过回顾学习煤泥水处理设备及相关理论知识，明确学习任务要求。
（2）根据任务要求和实际情况，合理制订工作（学习）计划。
（3）熟练掌握重介选煤，并能独立完成流程图的绘制。
（4）熟悉重介选煤与跳汰选煤的区分及应用。
（5）熟悉煤泥水的性质、特点。
（6）熟练掌握煤泥水处理的主要内容。
【建议课时】
中级工：4课时。高级工：8课时。
【工作情景描述】
某选煤厂设施完备，试运行正常，工作人员熟练掌握重介选煤的流程后，按要求完成相关工作。

学习活动1　明确工作任务

【学习目标】
（1）通过回顾学习煤泥水处理设备及相关理论知识，明确学习任务要求。
（2）了解集团公司洗煤厂煤泥水处理系统，明确学习任务、课时分配等要求。
【建议课时】
中级工：2课时。高级工：4课时。

一、工作任务

回顾学习煤泥水处理设备及相关知识，全面掌握各系统操作过程。

二、相关知识

炼焦煤选煤厂主要入选焦煤、瘦煤和肥煤等冶金、化工行业所需的主焦煤和配焦煤。目前我国焦煤资源贫乏，通常对炼焦煤选煤厂全部粒级实行精选，由于细粒级必须精选、脱水，就给炼焦煤选煤厂煤泥水系统增加了不少难度。此外一个煤泥水处理系统的内容和特点同所采用的分选工艺密切相关，二者相互配套和相互制约。从目前炼焦煤分选工艺来看，依然以重介、浮选为主。目前我国炼焦煤选煤厂大致有以下几种流程，从中可以看出各种不同流程的各处理环节的特点。

1. 混合跳汰—煤泥浮选流程

我国最经典的炼焦煤选煤厂煤泥水处理系统如图5-1所示，老的炼焦煤选煤厂多采用此煤泥水处理流程。原煤不分级（包括煤泥）直接进入跳汰机分选，分选后跳汰精煤溢流携带着煤泥一起进入脱水、分级系统，得到合格的精煤产品和需进一步处理的煤泥水，即去浮选进一步分选、回收、净化的煤泥水。

2. 混合跳汰—中煤重介—煤泥浮选流程

在混合跳汰的基础上增加了中煤重介系统，在原煤可选性较差、仅靠跳汰达不到产品质量要求时采用。中煤重介煤泥浮选流程在于增加了重介系统对跳汰中煤的精选，由于增加了一套重介质分选系统，所以工艺系统相对复杂，煤泥水流向、流经环节也增多，主要表现在增加了含有重介质的煤泥水脱介、浓缩、回收、净化的系统。

学习活动2　工作前的准备

一、工具

本活动不使用工具。

二、仪器与设备

煤泥水处理相关设备。

三、材料与资料

选煤厂煤泥水处理流程图。

学习活动3　现　场　施　工

【学习目标】

(1) 熟练掌握本活动安全知识，并按照安全要求进行操作。

(2) 熟悉重介选煤与跳汰选煤的区分及应用。

(3) 了解煤泥的分选、回收。

(4) 熟悉煤泥水的性质、特点。

(5) 掌握煤泥水处理的主要内容。

(6) 熟练掌握重介选煤流程，能独立完成流程图的绘制。

【建议课时】

中级工：2课时。高级工：4课时。

煤泥水处理

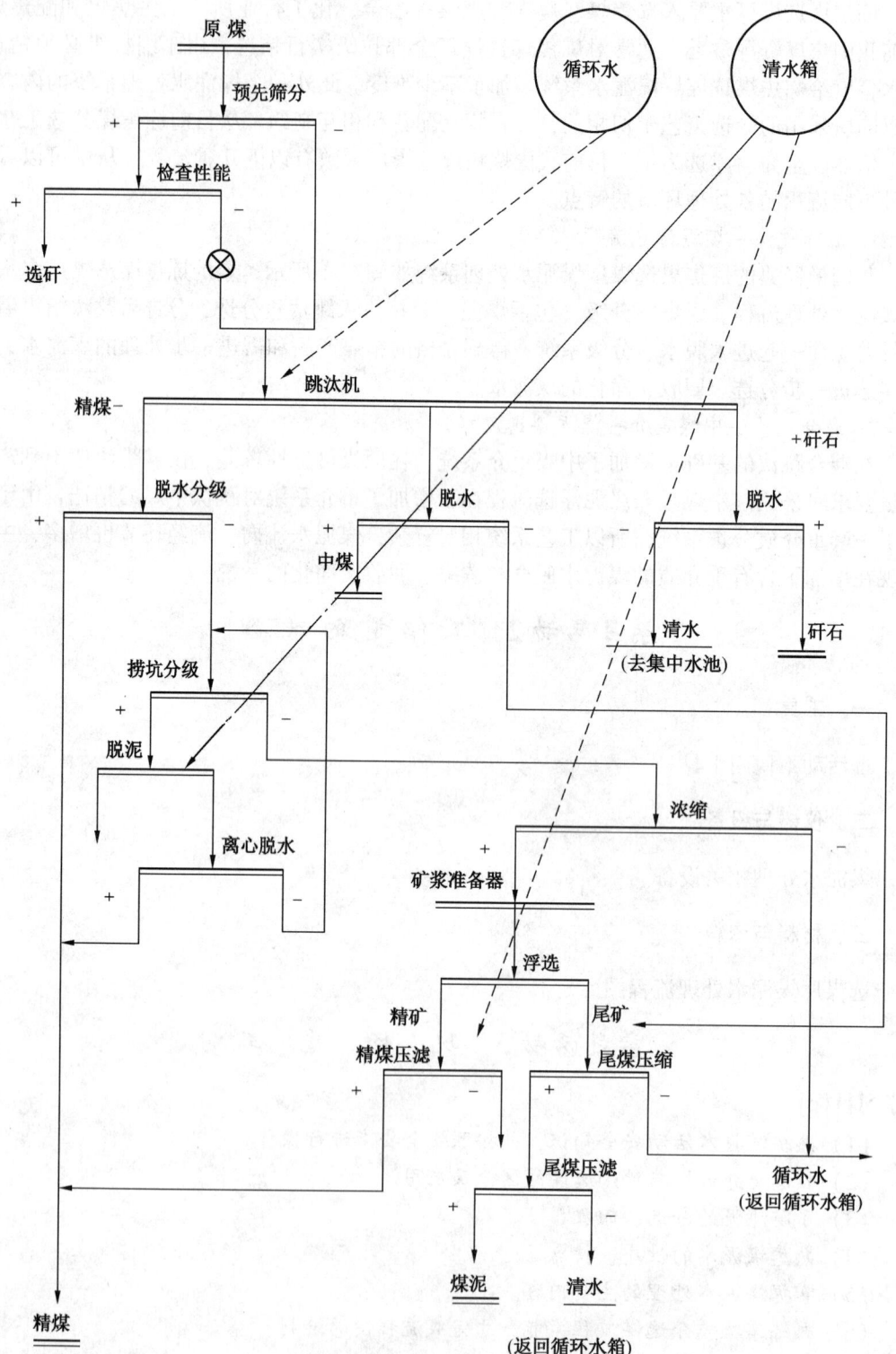

图 5-1 炼焦煤选煤厂煤泥水处理系统

一、工作任务

回顾重介选煤与跳汰选煤的区分及应用,掌握煤泥水处理的主要内容并能完整叙述介绍,能独立完成流程图的绘制。

二、相关知识

1. 重介质选煤的概述

目前,最常用的选煤方法是重介质选煤和浮游选煤。重介质选煤是根据煤炭密度不同而进行分选的方法。在我国的选煤厂中,主要分选 50 mm 以下的原煤,实际选别深度都为 0.5 mm。浮游选煤是根据煤粒表面的物理化学性质不同而进行选别的方法,用以分选 0.5 mm 以下的煤泥。

在选煤厂设计时,主要是根据原煤的粒度、可选性和对精煤的灰分要求来确定选煤方法和机械设备。

重介质选煤是属于重选里的一种选矿工艺方法。就是根据矿粒间的密度差异,在运动介质中所受的重力、流体力和其他机械力的不同,从而实现按密度分选矿粒群的过程。通常将密度大于水的介质称为重介质,在这样的介质中进行的选煤称为重介质选煤。对于选煤厂来说通常以磁铁矿粉作为加重质。

重介质选煤具有适宜分选难选、极难选煤,分选粒级宽,可实现稳定的低密度分选,分选精度高,能生产出高质量的精煤并得到较好的分选指标,易于实现自动控制,人为操作因素小等优点,目前已得到选煤厂的广泛利用。

2. 煤泥的分选与回收

1) 煤泥的分选作业

从煤泥水中将煤泥中低灰、高灰颗粒分离所采用的是泡沫浮选法,这也是目前国内外采用最多的一种煤泥分选方法。这种从煤泥中分选出低灰产品的作业称为煤泥的分选作业。

2) 煤泥的回收作业

有些选煤厂不需要将煤泥水中的煤泥颗粒进一步分选成低灰精煤和高灰尾煤,而只要将它们从煤泥水中尽可能彻底地分离出来,以得到洁净的循环用水,通常称为煤泥的回收作业。

3. 煤泥水的性质、特点

1) 性质

(1) 煤泥水中因含有煤泥,所以它的性质和纯水不同。煤泥水的性质主要包括煤泥水的密度、黏度和化学组成等。

(2) 煤泥水的性质与原煤中煤泥含量、次生煤泥量、煤泥中可溶物的种类和数量以及生产用水的性质有关,另外还与选煤厂工艺流程有关。在生产过程中,不同阶段的煤泥水具有不同的性质,煤泥水在流动过程中,本身的性质也在不断变化。

2) 特点

原煤在经过湿法分选后会产生大量的煤泥水需要处理,这些煤泥水具有以下特点:

(1) 流量大。平均每入选1t原煤需要3~5 t水，大型选煤厂每小时需处理的量是几千立方米，集团公司洗煤厂煤泥水每小时的处理量大约是1500 m³。

(2) 性质复杂。所含煤泥粒度、浓度、质量各不相同，有的粗煤泥性质接近精煤；而有的尾煤泥粒度却极细，灰分高，黏度大，这就使得煤泥水处理的工艺环节、设备和管理具有相当的复杂性。

(3) 集中了原煤中最细、最难处理的细微颗粒（粒度小于0.05 mm），这些颗粒由于粒度细使煤泥水黏度大，所以极难用常用的沉淀、回收和脱水设备处理，对于煤泥水处理系统及整个选煤工艺系统影响最大，投资和生产成本也最大。

4. 煤泥水处理的主要内容

煤泥水处理的主要内容包括采用各种适应不同特点煤泥水的分级、浓缩、澄清、絮凝、分选和脱水等工艺、方法和设备，对不同特性（浓度、粒度、黏度、水质特点等）的煤泥水进行处理，完成资源的回收、选煤循环用水的净化和防止对环境的污染等一系列任务。

由于原煤性质、对选煤产品要求和所采用的洗水水质不同，造成煤泥水体系性质不同，所采用的煤泥水处理方法也就不同，即煤泥水处理的内容不同，主要有以下几方面：

1）煤泥的分选、回收、脱水作业

煤泥的分选、回收、脱水作业是煤泥水处理中最主要的任务和内容。

煤泥分选大部分是指炼焦煤选煤厂为最大回收煤泥中低灰颗粒而进行的分选作业。

煤泥回收主要是指动力煤选煤厂或炼焦煤选煤厂从煤泥水中尽可能多地将其中的固体煤泥颗粒分离出来，以获得尽可能多的煤炭资源和洁净的循环水。

目前来说，随着环境要求的严格，对资源回收率要求的提高，以及效益最大化的追求，煤泥分选作业和煤泥回收作业尤为重要。

煤泥分选、回收的粒度一般根据原煤的分选工艺和分选下限而定，正常情况下分选下限为0.5 mm，近年来随着粗煤泥分选技术的进一步提高，越来越多的粗煤泥分选设备及工艺被应用，对0.5~3 mm的粗煤泥进行分选，但是工艺流程会复杂化。

目前集团公司洗煤厂用于分选粗煤泥的设备为一台φ3 m的TBS。

2）煤泥水的分级作业

要实现精确分选，就要实现精确分级，因为浮选对于粒度比较敏感，杜绝粗颗粒进入该作业。

一般浮选作业前均采用分级回收设备对颗粒进行分级处理，集团公司洗煤厂浮选作业前对原生煤泥进行0.25 mm分级，细粒级进入浮选系统。

煤泥或浮选尾煤脱水时通常采用压滤机、过滤机或沉降式过滤机联合流程，压滤机对细粒有良好的效果，而过滤机则对粗粒有较好的效果，这时就需要将入料分成粗粒级和细粒级的分级作业，分别供给压滤机和过滤机合适的入料组成，这种作业也叫水力分级。

3）煤泥水的浓缩作业

各种分选、回收和脱水设备不仅对粒度有一定的要求，而且对浓度也有一定要求时，适当的浓度才能取得满意的工艺效果。选煤厂浓缩设备多采用自然沉降设备，即入料煤泥

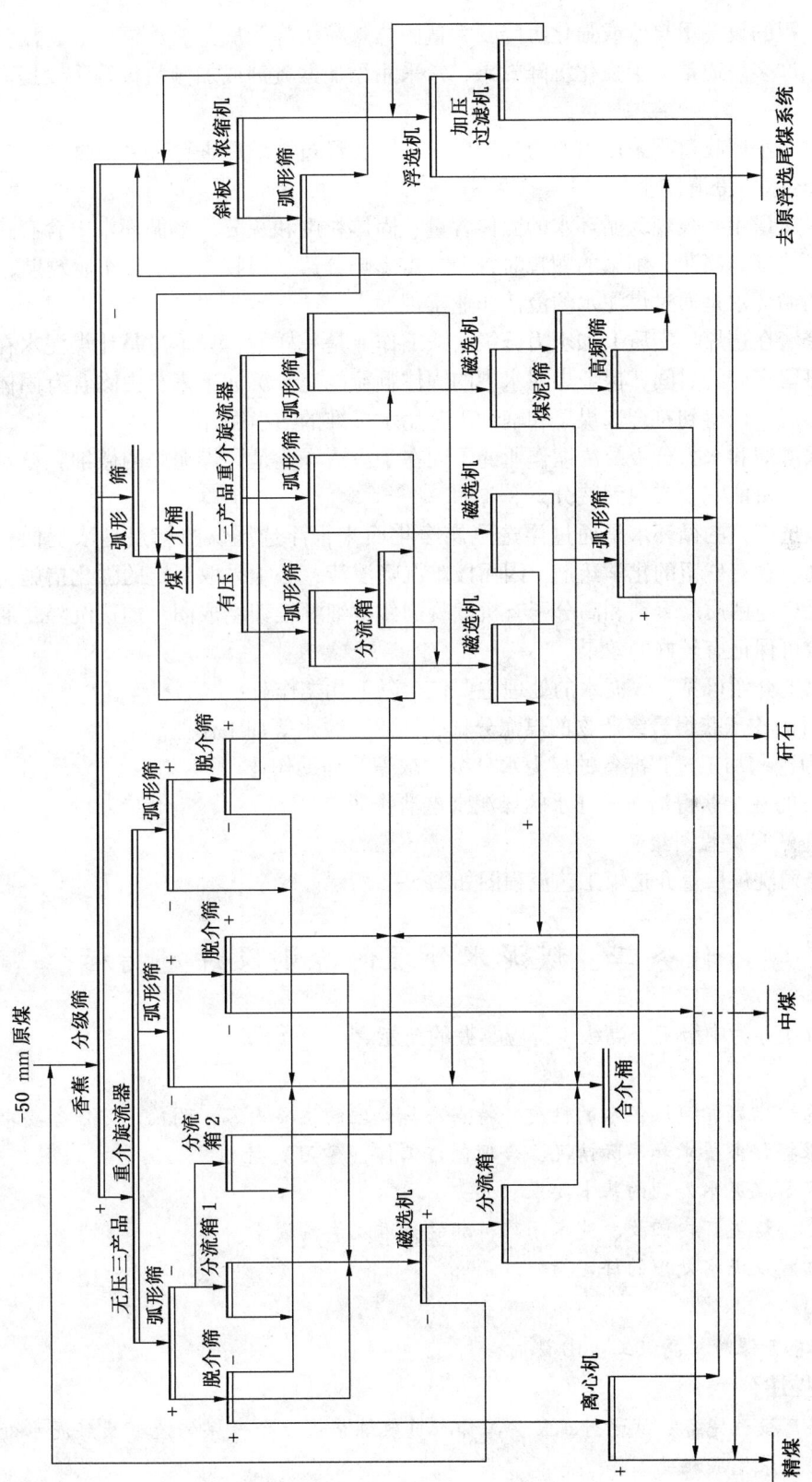

图 5-2 集团公司洗煤厂重介选煤工艺流程图

水在一定面积的设备里自然或强化沉降，大量固体颗粒沉降到底部为浓缩产品，溢流浓度则相对减小许多。通常为了强化沉降效果，常采用添加絮凝剂或加倾斜板等手段提高浓缩效果。

有些煤泥水回收过程采用离心力加速颗粒沉降，经过浓缩后进行脱水回收。

4）循环水的澄清作业

循环水质量主要表现为循环水的固体含量、固体粒度和灰分。当循环水中含有过多的煤泥颗粒，尤其是高灰、细微的颗粒时，会严重影响分选、回收、脱水等作业效果。

洁净的循环水是通过煤泥水的澄清作业实现的。

所谓澄清在选煤厂实质上和水力分级、浓缩作业是一样的，只不过是让煤泥水在足够大面积下停留充分的时间，保证煤泥水中的固体颗粒能充分沉淀下来，去除含有固体颗粒的煤泥水溢流，以得到符合选煤厂和辅助工艺用水标准的洁净循环水。

煤泥水澄清和水力分级及浓缩作业的不同在于澄清作业是让煤泥中的微细颗粒也沉降到底流中，尽可能完全实现固液分离。

大多数选煤厂的循环水是通过浮选尾煤净化而来，浮选尾煤的特点是浓度低、粒度细、灰分高、含有残留的化学药剂，因而极难沉降澄清，必须采取一定的强化措施，比如采用添加无机电解质凝聚剂和高分子有机絮凝剂使微细颗粒絮结成团、加速沉降，通过这些方法多数可保证有较好的效果。

综合以上介绍可见，煤泥水的处理主要包括以下几类作业：

（1）目的在于获得最终产物的煤泥分选、回收、脱水等加工作业。

（2）为这些加工过程准备的煤泥水分级、浓缩等辅助作业。

（3）目的在于获得洁净循环水的煤泥水澄清作业。

5. 重介选煤流程图绘制

集团公司洗煤厂重介选煤工艺流程图如图5-2所示。

学习任务二　煤泥水处理的原则及评定指标

本学习任务为中级工、高级工都应掌握的技能。

【学习目标】

(1) 通过回顾学习煤泥水的性质、特点及其处理的主要内容，明确学习任务要求。

(2) 根据任务要求和实际情况，合理制订工作（学习）计划。

(3) 了解煤泥水处理的基本要求。

(4) 掌握煤泥厂内回收、洗水闭路循环的标准及影响因素。

(5) 掌握煤泥水处理的评定指标。

【建议课时】

中级工：5课时。高级工：10课时。

【工作情景描述】

某选煤厂设施完备，试运行正常，工作人员熟练掌握重介选煤的流程及煤泥水处理的内容后，按要求完成相关工作。

学习活动1 明确工作任务

【学习目标】
(1) 通过回顾学习煤泥水处理设备及相关理论知识，明确学习任务要求。
(2) 了解集团公司洗煤厂煤泥水处理系统，明确学习任务、课时分配等要求。
(3) 掌握动力煤选煤厂煤泥水处理的原则流程。

【建议课时】
中级工：3课时。高级工：6课时。

一、工作任务

工作人员应全面掌握各系统的流程图及煤泥水处理的操作过程，并根据现场实际情况绘制流程图。

二、相关知识

1. 煤泥水处理的基本要求
(1) 尽可能在原煤入选前脱泥或煤粉，脱除物直接进入浮选或回收系统。
(2) 所有煤泥应尽快、有效回收，减小在系统中循环，杜绝在煤泥中积累。
(3) 煤泥水尽可能澄清、循环水浓度尽可能降低，已利于各分选作业。
(4) 工艺尽可能简单，管理方便、技术经济指标合理，不污染环境。

2. 煤泥水处理系统分类及区别

选煤厂根据处理的原煤种类、原煤性质以及选后产品的用途不同分为炼焦煤选煤厂和动力煤选煤厂。

煤泥水处理系统的区别：炼焦煤选煤厂要对小于 0.5 mm 粒级进行深度分选、脱水，将其中低灰部分精选出作为炼焦煤的一部分，因而对其质量有严格要求，需要完整的煤泥水处理系统。动力煤选煤厂一般不对末煤或煤泥进行分选，相对而言工艺流程或煤泥水处理系统要简单得多，原因在于需要煤泥系统处理的煤泥数量及其精度低得多。

动力煤选煤厂煤泥水处理流程：①预浓缩煤泥水流程；②用浓缩机溢作浮选稀释用水的煤泥水流程；③部分浓缩、部分直接浮选的煤泥水流程；④直流式煤泥水流程；⑤部分循环、部分直接浮选的煤泥水流程。

目前常见的两个选煤厂煤泥水处理流程如图5-3所示。

为了便于分析，根据煤泥水处理工序的不同，概括分为 A、B、C 三个作业区。

A 作业区：粗煤泥回收区，各厂流程和设备有所不同。如甲厂用带有倾斜板的斗子捞坑作为水力风机设备，离心脱水机兼粗煤泥脱水；乙厂采用角锥池作为水力分级，用水力旋流器组成煤泥回收筛回收粗煤泥。

B 作业区：煤泥水澄清浓缩区。用耙式浓缩机或沉淀塔作为澄清、浓缩设备，溢流作循环水。

C 作业区：煤泥脱水回收区。甲厂采用两段浓缩，两段回收流程；乙厂采用一段回收流程。当前选煤厂通常采用沉降式离心脱水机或高频振动脱水筛作为煤泥中粗粒级的回收

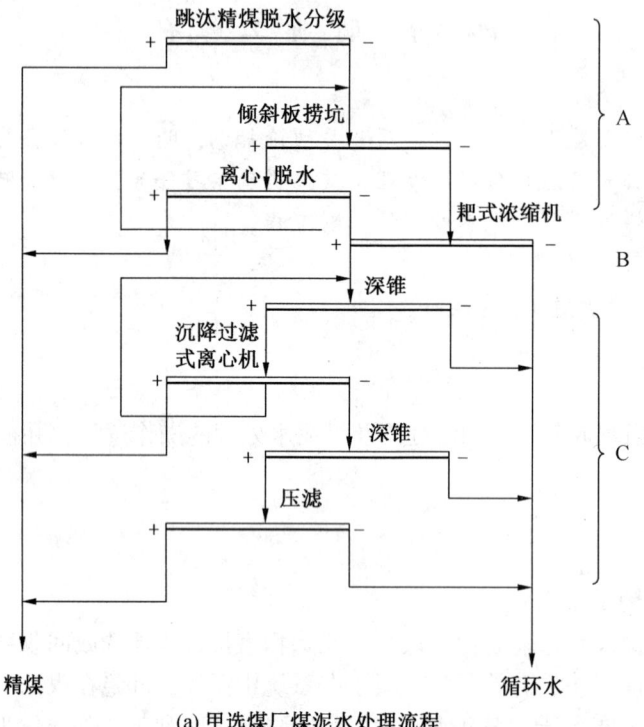

(a) 甲选煤厂煤泥水处理流程

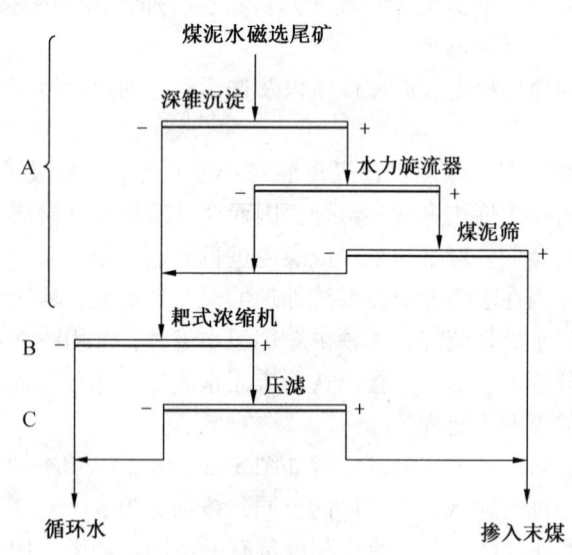

(b) 乙选煤厂煤泥水处理流程

图 5-3 选煤厂煤泥水处理流程

设备,而用压滤机作为细粒级的回收和把关设备。

为降低动力选煤厂洗水浓度,可根据各厂采用的工艺流程选用合适的煤泥回收设备,对于入选的块煤,原煤分级效率好、煤泥量少时可采用乙厂简化的一段回收工艺,采用压滤机作为回收把关设备,这既简化了工艺,又避免了循环。对于混合入选的动力煤厂,煤泥量大时可采用粗煤泥分别回收的方法,如二段浓缩、二段回收流程(图5-4),其中一段为粗颗粒自然沉降浓缩,二段为一段溢流和滤液(筛下水)采用凝集、絮凝方法沉降细粒物料。

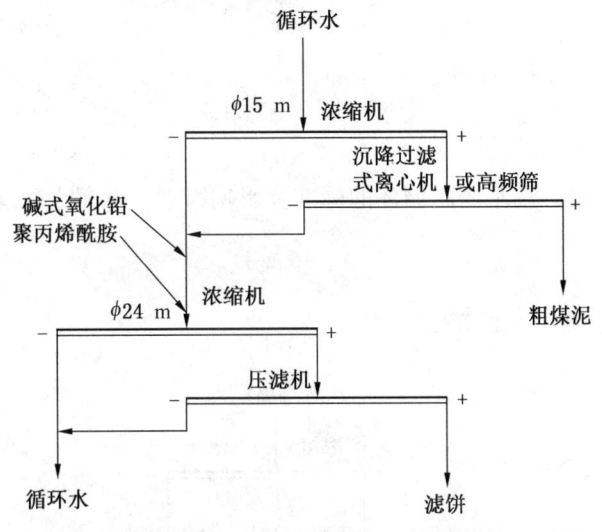

图 5-4 二段浓缩、二段回收流程

采用二段浓缩和二段回收流程时应注意事项:

①一段浓缩采用自然沉降回收粗颗粒,沉降面积不易过大;

②二段浓缩采用的是絮凝沉降,回收细颗粒并且得到循环水;

③压滤机是煤泥回收把关设备,但由于作业效率低,应减小其负荷量,让煤泥尽量在一段回收,同时为提高压滤机效率,缩短压滤时间,最好能有意识地从一段或其他渠道适当掺入部分中细粒级物料,同时保证入料高浓度。

学习活动 2　工作前的准备

一、工具

本活动不使用工具。

二、仪器与设备

煤泥水处理相关设备。

三、材料与资料

选煤厂煤泥水处理流程图。

学习活动 3　现　场　施　工

【学习目标】

(1)熟练掌握本活动安全知识,并按照安全要求进行操作。

(2) 熟练掌握煤泥厂内回收、洗水闭路循环的标准及影响因素。
(3) 实现洗水闭路循环的措施。
(4) 掌握煤泥水处理的评定指标。

【建议课时】

中级工：2课时。高级工：4课时。

一、工作任务

掌握煤泥厂内回收、洗水闭路循环的标准及影响因素，煤泥水处理效果评定。

二、相关知识

1. 煤泥厂内回收流程（图5-5）

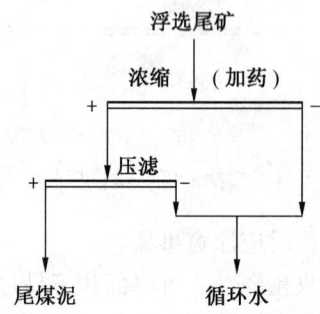

图5-5 煤泥厂内回收流程

2. 煤泥厂内、厂外联合回收流程（图5-6）

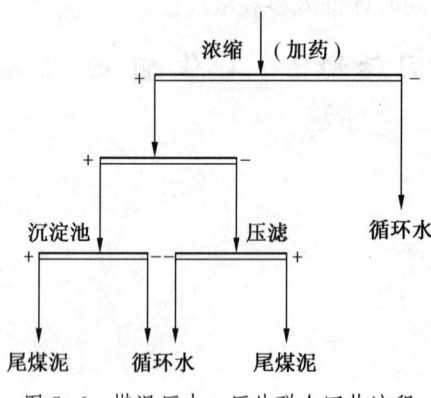

图5-6 煤泥厂内、厂外联合回收流程

3. 细煤泥分段处理流程（图5-7）
4. 一段浓缩、分级及分别回收流程（图5-8）

煤泥经分级后分别用高频筛或离心机和压滤机处理。

5. 煤泥厂内回收、洗水闭路循环的标准及影响因素

1）标准

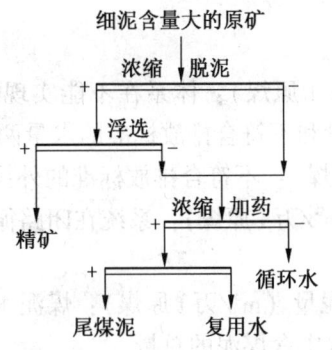

图 5-7 细煤泥分段处理流程

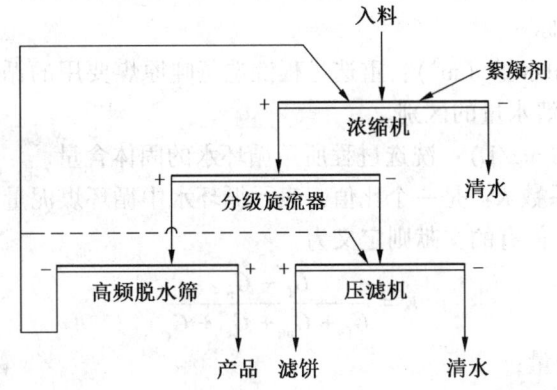

图 5-8 一段浓缩、分级及分别回收流程图

（1）一级标准：机械回收，洗水动态平衡，不向厂区外排水，水重复利用率在 90% 以上，洗水浓度小于 50 g/L，入洗原料煤量达到核定能力的 70% 以上。

（2）二级标准：室内回收的煤泥量不少于总量的 50%，机械化沉淀池应有完备的回水系统，洗水实现动态平衡，不向厂区外排放，水重复利用率 90% 以上，单位补充水量小于 0.20 m^3/t（入选原煤料）。洗水浓度小于 80 g/L，入洗原料煤量达到核定能力的 50% 以上。

（3）三级标准：要求煤泥全部在厂内回收。沉淀池、尾矿坝等沉淀澄清设施有完备的回水系统，水重复利用率 90% 以上，单位补充水量小于 0.25 m^3/t（入选原煤料）。排放水有固定的排放口，并设有明显的排放口标志、污水水量计量装置和污水采样装置，洗水浓度小于 100 g/L。

2）影响因素

工艺系统是否完善、煤泥的数量和沉降特性如何、操作上是否能够保持洗水的平衡，这些取决于水量是否平衡和煤泥量是否平衡。

洗水闭路循环的措施：提高管理水平，建立洗水管理规章制度，加强洗水管理，减少清水用量，使水量平衡。专业管理，清水计量减少各作业用水量，补充清水的地点应慎重选择，加强洗水管理，根据实际需要决定用途及各作业之间的配合。

6. 主要评定指标

1) 环境保护的指标

(1) 系统外排水量（m³/万 t 原煤）：体系在不能实现闭路循环时对外排放的煤泥水量。它包括符合排放标准的水量和不符合排放标准的水量两部分。

(2) 污染水量（m³/万 t 原煤）：不符合排放标准的外排水量。

(3) 系统事故外排水量（m³/万 t 原煤）：系统在闭路循环条件下因事故或检修等原因排放到外面的煤泥水量。

(4) 系统事故外排水含煤泥量（m³/万 t 原煤）：煤泥水系统在闭路循环的条件下因事故、检修等原因而排放的煤泥水中含煤泥的总量。

(5) 外排水平均浓度（mg/L）：按煤泥水系统对外排放的固体浓度。

(6) 污染水平均浓度（mg/L）：指煤泥水体系对外排放的污染水的平均浓度。

2) 工艺方面的指标

(1) 吨原煤洗选用水量（m³）：重选过程洗选每吨原煤要用的循环水量。注意和每入洗 1 t 原煤所需补加的清水量的区别。

(2) 循环水浓度（mg/L）：洗选过程所用循环水的固体含量。

(3) 循环水循环系数 K：是一个比值，表示循环水中循环煤泥量等于进入煤泥水系统的新煤泥量的若干倍。但有的文献则定义为

$$K = \frac{G_f + G_n}{G_f + G_n + G_c + G_r} \tag{5-1}$$

式中　G_f——原生煤泥量；

　　　G_n——次生煤泥量；

　　　G_c——循环水 G_f 中煤泥量；

　　　G_r——流失的煤泥量。

显然在理想情况下 $K=1$，当 K 满足以下值时认为煤泥水系统工作正常：无烟煤，$K>0.36$；焦煤，$K>0.45$；气煤，$K>0.5$。

(4) 循环水质量指标 X。其表达式为

$$X = r_1 \frac{c_{10}}{c_1} + r_2 \frac{c_{20}}{c_2} + \cdots + r_i \frac{c_{i0}}{c_i} + \cdots + r_n \frac{c_{n0}}{c_n} \tag{5-2}$$

式中　r_i——i 工艺环节用水量占总用水量的百分数；

　　　c_{i0}——i 工艺环节的用水量，g/L；

　　　c_i——实际供给 i 环节循环水平均量，g/L。

当 $c_i < c_{i0}$ 时，定义 $c_{i0}/c = 1$，因为过度澄清对选煤工艺无明显经济效益，而水处理费用却增加了。

(5) 循环水质量稳定性指标：循环水浓度波动对提高选煤工艺效果不利，可用浓度波动系数表示为

$$\sigma_0 = r_1 \sigma_{c1} + r_2 \sigma_{c2} + \cdots + r_i \sigma_{ci} + \cdots + r_n \sigma_{cn} \tag{5-3}$$

式中　σ_{ci}——实际供给 i 工艺环节复用水平均浓度均方差，g/L。

一般认为，选煤机循环水和浮选入料浓度波动值在 10 g/L 内是允许的。

3）经济指标

（1）动力消耗指数 E：

$$E = \frac{煤泥水处理设备和浮选设备总耗电量}{处理煤泥量} \tag{5-4}$$

（2）絮凝剂消耗指数 F：

$$F = \frac{絮凝剂消耗数量}{处理煤泥量} \tag{5-5}$$

参 考 文 献

［1］中国煤炭加工利用协会．选煤厂煤泥水处理［M］．徐州：中国矿业大学出版社，2005．
［2］张志军．水质调控与煤泥水处理［M］．北京：冶金工业出版社，2019．
［3］李宏亮．煤泥水及选矿尾水微细矿物性质与处理［M］．北京：冶金工业出版社，2019．
［4］国家安全生产监督管理总局信息研究院．煤矿安全生产标准化基本要求及评分方法（试行）专家解读［M］．北京：煤炭工业出版社，2017．
［5］国家安全生产监督管理总局，国家煤矿安全监察局．煤矿安全规程［M］．北京：煤炭工业出版社，2016．

煤泥水处理工作页

目　次

模块一　煤泥水体系的主要性质及测定 ……………………………………………… 97

　学习任务一　煤泥水的主要性质及测定 …………………………………………… 97
　　学习活动1　明确工作任务 ……………………………………………………………… 97
　　学习活动2　工作前的准备 ……………………………………………………………… 98
　　学习活动3　现场施工 …………………………………………………………………… 98
　　学习活动4　总结与评价 ………………………………………………………………… 101

　学习任务二　煤泥水中悬浮煤泥颗粒的主要性质及测定 ………………………… 102
　　学习活动1　明确工作任务 ……………………………………………………………… 102
　　学习活动2　工作前的准备 ……………………………………………………………… 102
　　学习活动3　现场施工 …………………………………………………………………… 103
　　学习活动4　总结与评价 ………………………………………………………………… 104

模块二　煤泥水分级、浓缩与澄清设备 ……………………………………………… 106

　学习任务一　自然沉降式水力分级、浓缩与澄清设备 …………………………… 106
　　学习活动1　明确工作任务 ……………………………………………………………… 106
　　学习活动2　工作前的准备 ……………………………………………………………… 107
　　学习活动3　现场施工 …………………………………………………………………… 107
　　学习活动4　总结与评价 ………………………………………………………………… 110

　学习任务二　倾斜板沉淀设备 ……………………………………………………… 111
　　学习活动1　明确工作任务 ……………………………………………………………… 111
　　学习活动2　工作前的准备 ……………………………………………………………… 111
　　学习活动3　现场施工 …………………………………………………………………… 112
　　学习活动4　总结与评价 ………………………………………………………………… 113

　学习任务三　水力旋流器 …………………………………………………………… 114
　　学习活动1　明确工作任务 ……………………………………………………………… 114
　　学习活动2　工作前的准备 ……………………………………………………………… 114
　　学习活动3　现场施工 …………………………………………………………………… 115
　　学习活动4　总结与评价 ………………………………………………………………… 118

模块三　煤泥水处理中混凝剂的使用 ………………………………………………… 119

　学习任务一　煤泥水处理中干粉状絮凝剂制备 …………………………………… 119

  学习活动1 明确工作任务 ······ 119
  学习活动2 工作前的准备 ······ 120
  学习活动3 现场施工 ······ 120
  学习活动4 总结与评价 ······ 122
 学习任务二 煤泥水处理中液态絮凝剂制备 ······ 123
  学习活动1 明确工作任务 ······ 123
  学习活动2 工作前的准备 ······ 123
  学习活动3 现场施工 ······ 124
  学习活动4 总结与评价 ······ 125
 学习任务三 煤泥水处理中絮凝剂计量输送泵的使用 ······ 126
  学习活动1 明确工作任务 ······ 126
  学习活动2 工作前的准备 ······ 127
  学习活动3 现场施工 ······ 127
  学习活动4 总结与评价 ······ 128

模块四 煤泥脱水及回收设备 ······ 130

 学习任务一 脱水筛 ······ 130
  学习活动1 明确工作任务 ······ 130
  学习活动2 工作前的准备 ······ 131
  学习活动3 现场施工 ······ 131
  学习活动4 总结与评价 ······ 134
 学习任务二 压滤机 ······ 134
  学习活动1 明确工作任务 ······ 135
  学习活动2 工作前的准备 ······ 135
  学习活动3 现场施工 ······ 135
  学习活动4 总结与评价 ······ 137

模块五 煤泥水处理系统 ······ 139

 学习任务一 煤泥水处理系统流程 ······ 139
  学习活动1 明确工作任务 ······ 139
  学习活动2 工作前的准备 ······ 140
  学习活动3 现场施工 ······ 140
  学习活动4 总结与评价 ······ 143
 学习任务二 煤泥水处理的原则及评定指标 ······ 143
  学习活动1 明确工作任务 ······ 144
  学习活动2 工作前的准备 ······ 144
  学习活动3 现场施工 ······ 144
  学习活动4 总结与评价 ······ 147

模块一　煤泥水体系的主要性质及测定

煤泥水体系是一个极其复杂的系统，它的性质不仅与煤泥水中颗粒的多少、粒度分布、密度大小、矿物组成等有关，也与体系的pH值和水的硬度、黏度、浓度等有关。煤泥水的研究大致可分为物理化学性质的研究和工艺性质的研究，两者之间并没有明确的界限，前者偏重于基础研究，后者更注重于实际生产过程。

本模块对煤泥水的一些基本性质进行了论述，分析一些主要影响因素，同时对某些基本性质的测定方法进行了简单介绍，这些方法对其他细粒与水混合物同样适用。

学习任务一　煤泥水的主要性质及测定

本学习任务为中级工、高级工都应掌握的技能。

【学习目标】

(1) 通过阅读设备维护（保养）记录单和现场勘查，明确学习任务要求。

(2) 根据任务要求和实际情况，合理制订工作（学习）计划，了解煤泥水的一些基本性质和主要的影响因素，掌握对其相关性质的测定方法。

(3) 掌握煤泥水沉降特性和沉降性能实验。

【建议课时】

中级工：4课时。高级工：8课时。

【工作情景描述】

工作现场设备齐全，运行正常，水电使用正常安全的情况下，工作人员根据工作任务正确选择煤泥水主要性质的测定方法，按要求完成相关工作。

学习活动1　明确工作任务

【学习目标】

(1) 通过阅读设备维护（保养）记录单，明确学习任务、课时等要求。

(2) 准确记录工作现场的环境条件。

(3) 了解煤泥水的一些基本性质和主要影响因素。

(4) 掌握煤泥水的主要性质及测定方法。

【学习课时】

中级工：2课时。高级工：4课时。

【任务】

通过阅读设备维护（保养）记录单，明确学习任务、课时等要求。能根据任务要求准确记录工作现场的环境条件并了解煤泥水的一些基本性质和主要影响因素。

学习活动2 工作前的准备

一、工具

本活动不使用工具。

二、仪器与设备

量筒（容积为 500 mL 或 1000 mL）、烧杯（容量为 500 mL）、天平、秒表、透光率测量仪。

三、材料与资料

《选煤厂安全规程》《选煤厂工人技术操作规程》《选煤厂煤泥水处理》。

学习活动3 现场施工

【学习目标】

（1）熟练掌握本活动安全知识，并按照安全要求进行操作。

（2）按照国标正确进行煤泥水沉降速度实验操作并记录分析实验结果。

【建议课时】

中级工：2 课时。高级工：4 课时。

一、应知任务

（1）简述煤泥水浓度的计算方法。

（2）简述煤泥水的黏度及影响因素。

（3）煤泥水的化学性质有哪些？

(4) 对煤泥水 pH 值的测定有哪几种方法？

(5) 什么是煤泥水的沉降特性？

二、应会任务

实验报告

实验项目名称：

开课实验室：　　　　　　　　　　　　　　　　　　　年　　月　　日

专业、班级		姓名	
课程名称		指导教师		成绩	
教师评语				教师签名： 　　年　月　日

一、实验目的

二、实验原理

三、使用仪器、材料

(续)

四、实验步骤

五、实验过程原始记录（数据、图表、计算等）

煤泥水沉降实验记录表

煤泥水来源：　　　　　　　　　　　　　　现配煤泥水浓度：8%
取样日期：　　　　　　　　　　　　　　　实验日期：

序号	絮凝剂 1‰							
	1 mL		1.5 mL		2 mL		2.5 mL	
	时间	距离	时间	距离	时间	距离	时间	距离
1								
2								
3								
4								
5								
6								
7								
上清液浓度/(g·L^{-1})								
沉积物高度/cm								

绘制沉降特性曲线：

六、实验结果与分析

学习活动4　总　结　与　评　价

一、应知部分考核标准

每题 20 分，满分 100 分。授课过程中可以根据需要增加应知部分考核内容，例如填空、判断、选择等考核题型。相应的配分标准根据实际考核情况做修改。

二、应会部分考核标准

学生综合评价表

序号	评分内容	评分标准	扣分原因	得分
1	工作页填写情况 （25 分）	（1）工作页填写错一题扣 5 分。 （2）工作页填写不工整扣 5 分。 （3）工作页填写不完整扣 5 分		
2	遵守安全情况 （25 分）	（1）严格遵守实训安全要求及注意事项得 20 分。 （2）违反一项扣 5 分		
3	学习目标 完成情况 （50 分）	（1）应会内容操作或手指口述熟练无误得 50 分。 （2）操作或手指口述不熟，每项内容酌情扣 5~10 分。 （3）操作或手指口述错误，每项内容酌情扣 5~10 分		
开始时间		学生姓名	考核成绩	
结束时间		指导老师	（签字）　　年　月　日	

三、教师评价

学习任务二　煤泥水中悬浮煤泥颗粒的主要性质及测定

本学习任务为中级工、高级工都应掌握的技能。

【学习目标】

（1）通过阅读设备维护（保养）记录单和现场勘查，明确学习任务要求。

（2）根据任务要求和实际情况，合理制订工作（学习）计划。

（3）了解煤泥水中悬浮煤泥颗粒的主要性质和主要影响因素，掌握对其相关性质的测定方法。

（4）掌握煤粉筛分实验操作并记录分析实验结果。

【建议课时】

中级工：4课时。高级工：6课时。

【工作情景描述】

某选煤厂需要对煤粉进行筛分，工作人员接到任务后，按要求完成相关工作。

学习活动1　明确工作任务

【学习目标】

（1）通过阅读设备维护（保养）记录单，明确学习任务、课时等要求。

（2）准确记录工作现场的环境条件。

（3）了解煤泥水中悬浮煤泥颗粒的主要性质和主要影响因素，掌握对其相关性质的测定方法。

（4）掌握煤泥水中常用粒度分析方法及注意事项。

【建议课时】

中级工：2课时。高级工：2课时。

【任务】

学习可以通过阅读设备维护（保养）记录单，明确学习任务、课时等要求，能准确根据工作任务记录工作现场的环境条件；了解煤泥水中悬浮煤泥颗粒的主要性质和主要影响因素。

学习活动2　工作前的准备

一、工具

本活动不使用工具。

二、仪器与设备

电子台秤（量程250~500 g，感量0.1 g）、干燥设备、恒温箱（调温范围50~200 ℃）、小筛分选用的试验筛（应符合《试验筛 技术要求和检验 第1部分：金属丝编织网试验筛》(GB/T 6003.1—2012)和《试验筛 金属丝编织网、穿孔板和电成型薄板 筛孔的基本尺寸》(GB/T 6005—2008)的规定,筛孔孔径分别为 0.500 mm、0.250 mm、0.125 mm、0.075 mm、0.045 mm;如果不能满足要求,筛孔孔径可增加 0.355 mm、0.180 mm 和 0.090 mm)。

三、材料与资料

《选煤厂安全规程》《选煤厂工人技术操作规程》《选煤厂煤泥水处理》。

学习活动 3　现　场　施　工

【学习目标】

(1) 熟练掌握本活动安全知识,并按照安全要求进行操作。

(2) 按照国标正确进行煤粉筛分实验操作并记录分析实验结果。

【建议课时】

中级工:2 课时。高级工:4 课时。

一、应知任务

(1) 简述煤泥粒度的概念。

(2) 常用粒度分析方法有哪几种?

(3) 筛分分析法的优缺点是什么?

(4) 简述煤泥密度的测定意义。

（5）煤中矿物质的分类有哪些？

二、应会任务

煤粉筛分试验结果表

煤样名称：_____ 煤样粒度：_____ 煤样质量：_____ g

试验编号：_____ 采煤地点：_____ 煤样灰分：_____ %

试验日期：_____

粒度/%	质量/g	产率/%	灰分/%	累计/%	
				产率	灰分
>0.500					
0.500~0.250					
0.250~0.125					
0.125~0.075					
0.075~0.045					
<0.045					

试验负责人：　　　　　　　　核对：　　　　　　　　计算：

学习活动4　总结与评价

一、应知部分考核标准

每题20分，满分100分。授课过程中可以根据需要增加应知部分考核内容，例如填空、判断、选择等考核题型。相应的配分标准根据实际考核情况做修改。

二、应会部分考核标准

学生综合评价表

序号	评分内容	评分标准	扣分原因	得分
1	工作页填写情况（25分）	（1）工作页填写错一题扣5分。 （2）工作页填写不工整扣5分。 （3）工作页填写不完整扣5分		
2	遵守安全情况（25分）	（1）严格遵守实训安全要求及注意事项得20分。 （2）违反一项扣5分		

（续）

序号	评分内容	评分标准	扣分原因	得分
3	学习目标完成情况（50分）	（1）应会内容操作或手指口述熟练无误得50分。 （2）操作或手指口述不熟，每项内容酌情扣5～10分。 （3）操作或手指口述错误，每项内容酌情扣5～10分		
开始时间		学生姓名		考核成绩	
结束时间		指导老师		（签字）　年　月　日	

三、教师评价

模块二　煤泥水分级、浓缩与澄清设备

煤泥水处理的重要内容是煤泥水的分级、浓缩和澄清作业，它们主要的工艺和方法都是依靠煤泥水中煤粒重力自然沉降来实现的。在煤泥水处理中常用的自然沉降设备有沉淀池和浓缩机等，在浓缩机、沉淀池等煤泥水浓缩、澄清设备中设置倾斜板，加速了煤泥水的浓缩，这样大幅地增加了有效的沉淀面积，更重要的是改善了煤泥水中细颗粒在沉淀过程中的水利条件。水力旋流器是一种在离心力场中进行分级和浓缩的设备，主要用于煤泥水的分级、浓缩环节。

学习任务一　自然沉降式水力分级、浓缩与澄清设备

本学习任务为中级工、高级工都应掌握的技能。

【学习目标】
(1) 通过阅读设备维护（保养）记录单和现场勘查，明确学习任务要求。
(2) 根据任务要求和实际情况，合理制订工作（学习）计划。
(3) 掌握自然沉降式水力分级、浓缩与澄清设备的原理、构造、特点及使用范围。
(4) 掌握煤泥水的浓缩、澄清作业的工艺要求。
(5) 正确操作自然沉降式水力分级、浓缩与澄清设备。

【建议课时】
中级工：4课时。高级工：6课时。

【工作情景描述】
某选煤厂煤泥水相关设备运行周期已满，其结构组件需要进行维护、保养、更换，工作人员接到设备维护（保养）记录单后，按要求完成相关工作。

学习活动1　明确工作任务

【学习目标】
(1) 通过阅读设备维护（保养）记录单，明确学习任务、课时等要求。
(2) 准确记录工作现场的环境条件。
(3) 掌握自然沉降式水力分级、浓缩与澄清设备的原理、构造、特点及使用范围。
(4) 掌握煤泥水的浓缩、澄清作业的工艺要求。

【建议课时】
中级工：2课时。高级工：4课时。

【任务】
能通过阅读设备维护（保养）记录单，明确学习任务；能根据学习任务准确记录工作

现场的环境条件；掌握自然沉降式水力分级、浓缩及澄清设备的原理、构造、特点及使用范围等理论知识。

学习活动2　工作前的准备

一、工具

本活动不使用工具。

二、仪器与设备

角锥池、斗子捞坑、耙式浓缩机、高效浓缩机、沉淀塔。

三、材料与资料

《选煤厂安全规程》《选煤厂工人技术操作规程》《选煤厂煤泥水处理》。

学习活动3　现场施工

【学习目标】

(1) 熟练掌握本活动安全知识，并按照安全要求进行操作。

(2) 正确操作煤泥水分级、浓缩与澄清实训设备。

【建议课时】

中级工：2课时。高级工：2课时。

一、应知任务

(1) 简述自滤式煤泥沉淀池的结构与特点。

(2) 简述浓缩漏斗的结构与适用范围。

(3) 高效浓缩机的结构特点是什么？

（4）请标注深锥浓缩机的结构名称。

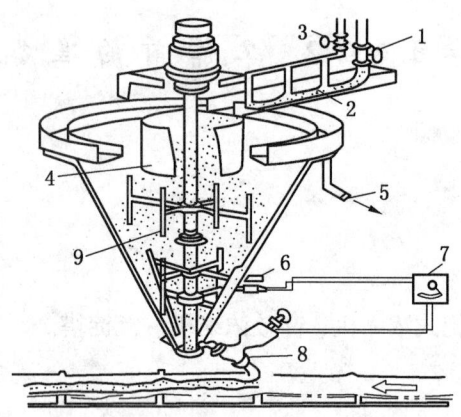

1. _____ 2. _____ 3. _____ 4. _____ 5. _____
6. _____ 7. _____ 8. _____ 9. _____

二、应会任务

浓缩机司机作业规程

项目	作业程序	作业标准	安全要点
班前准备		（1）了解原煤入选量情况。溢流水槽应畅通，溢流堰应平整，无积煤泥现象。 （2）检查来料水槽、管道、闸门，应通畅、严密，管桥分水板应处于适宜位置。 （3）按《选煤厂机电设备检查通则》要求对设备进行一般性检查，并进一步检查	（1）浓缩机的周边轨道必须保持平整、光滑、牢固，无打滑现象，无障碍物。托轮不应过度磨损。 （2）中心滑环的密封应完好，不能有煤泥水溅入。 （3）浓缩机各部位的连接必须牢固可靠
作业	开车前准备	（1）开车前浓缩机应先灌满水。 （2）接到开车信号后，经确认检查无误，即可答应开车	
	运行	（1）根据溢流和底流浓度、浓缩入料量流量情况，调整浓缩机开动台数及各台入料量，控制底流排放量。总的操作原则是保证洗水浓度符合要求。 （2）两台浓缩机并行作业时，要根据每台负荷，努力做到均匀排放底流，既要稳定沉降机入料浓度，又要避免煤泥积压导致压靶子。 （3）要根据浓缩机来料及机内煤泥量（可从底流浓度看出）情况，与相关岗位密切联系，努力实现底流大排放操作。	

（续）

项目	作业程序	作业标准	安全要点
作业	运行	（4）与上道岗位密切联系，注意检查底流的粒度组成，发现跑粗立即通知上道岗位，检查分析原因，积极采取措施解决。 （5）密切注意靶子的运转情况，是否有跳动、打滑现象及异常音响，如出现自动停车要检查并分析原因，防止压靶子或卡住。 （6）注意检查中心滑环的工作和密封情况，严防滴水或煤泥溅入受潮而引起电器短路。 （7）要注意检查轨道是否平整，接头是否松动，托辊运行是否平稳。 （8）浓缩机过桥和机台上严禁堆放物品，并应随时清理杂物，以防止不慎落入机内造成事故，万一发生这类问题，应立即向调度汇报。 （9）注意检查电动机、减速器及传动装置的工作情况，温升、音响应无异常。 （10）浓缩机的工作指标和工作效果必须达到规定要求	
	特殊情况处理	（1）浓缩机由于底流浓度过大出现下部管道堵塞时，应利用底部冲洗水冲刷，边冲边开煤泥泵排料。如管道被杂物堵塞，则应采取其他措施处理。 （2）大量杂物、煤块进入浓缩机堵塞底部管道时，要停车进行彻底清理	
	停车操作	（1）接到停车信号后，停止给料。但煤泥水浓缩应需继续运行，排放底流，直到浓度达到要求为止。 （2）利用停车时间按"四无""五不漏"要求，对设备进行维护保养，并清理设备和环境卫生。 （3）按规定填写岗位记录，做好交接班工作	
交班	交班前准备	做好本岗位文明卫生工作	
	向接班司机汇报情况	主动向接班司机汇报本班工作情况及设备运行注意事项	
	现场检查及试运转	协调接班司机一起对设备进行一次详细检查，并对设备进行试运转	
	问题处理	（1）把检查运转发现的问题协调一起进行处理。 （2）不能处理的问题要向有关部门汇报	
	履行交班手续	按规定履行交班手续后下班	

（续）

项目	作业程序	作业标准	安全要点
安全注意事项		（1）若浓缩机带物料停车时，应将靶子提到高位。 （2）及时清理浓缩机入料槽、絮凝剂添加槽以及澄清水池内的木屑杂物。 （3）当浓缩机内的煤泥沉积过多，力矩、转动电机电流过大时，应减少或停止入料，加快底流排放。当力矩下降，待查明原因并处理后，方可正常入料。 （4）当底流排料泵堵塞时，应及时打开冲洗水冲洗或采取其他措施加以疏通。 （5）当浓缩机内泡沫过多时，应及时消泡。 （6）入料水槽应装箅子，严防各类杂物（如破砖、碎瓦、木块、铁器等）进入浓缩机，造成堵管子、卡住阀门等事故。 （7）严禁任何人在轨道上坐、站或运行中作业。	

学习活动4 总 结 与 评 价

一、应知部分考核标准

每题25分，满分100分。授课过程中可以根据需要增加应知部分考核内容，例如填空、判断、选择等考核题型。相应的配分标准根据实际考核情况做修改。

二、应会部分考核标准

浓缩机司机作业考核评价标准

项目	作业程序	扣分原因	得分
班前准备	执行《选煤厂安全规程》的有关程序（25分）		
作业	启动（10分）		
	运行（25分）		
	停机（10分）		
	特殊情况处理（15分）		
交班	交班前准备（2分）		
	向接班司机汇报情况（2分）		
	现场检查及试运转（5分）		
	问题处理（4分）		
	履行交班手续（2分）		
总分			

三、教师评价

学习任务二　倾斜板沉淀设备

本学习任务为中级工、高级工都应掌握的技能。

【学习目标】

(1) 通过阅读设备维护（保养）记录单和现场勘查，明确学习任务要求。
(2) 根据任务要求和实际情况，合理制订工作（学习）计划。
(3) 掌握倾斜板沉淀设备的原理、构造、特点及使用范围。
(4) 正确设置、使用倾斜板沉淀设备。

【建议课时】

中级工：4 课时。高级工：8 课时。

【工作情景描述】

工作人员能确定倾斜板装置的类型，完成相应的沉淀任务。工作人员接到实验任务后，按要求完成相关工作。

学习活动1　明确工作任务

【学习目标】

(1) 通过阅读设备维护（保养）记录单，明确学习任务、课时等要求。
(2) 准确记录工作现场的环境条件。
(3) 掌握倾斜板沉淀设备的原理、构造、特点及使用范围。

【建议课时】

中级工：2 课时。高级工：4 课时。

【任务】

接到相关沉淀任务后，工作人员应根据任务确定倾斜板装置的类型，进而确定具体的沉淀任务；重点是倾斜装置的设计与操作。

学习活动2　工作前的准备

一、工具

本活动不使用工具。

二、仪器与设备

倾斜板沉淀设备。

三、材料与资料

《选煤厂安全规程》《选煤厂工人技术操作规程》《选煤厂煤泥水处理》。

学习活动3　现　场　施　工

【学习目标】

（1）熟练掌握本活动安全知识，并按照安全要求进行操作。

（2）正确设计、操作倾斜板沉淀设备。

【建议课时】

中级工：2课时。高级工：4课时。

一、应知任务

（1）简述倾斜板设备的概念及作用。

（2）斜板的入料形式有三种，请标注名称。

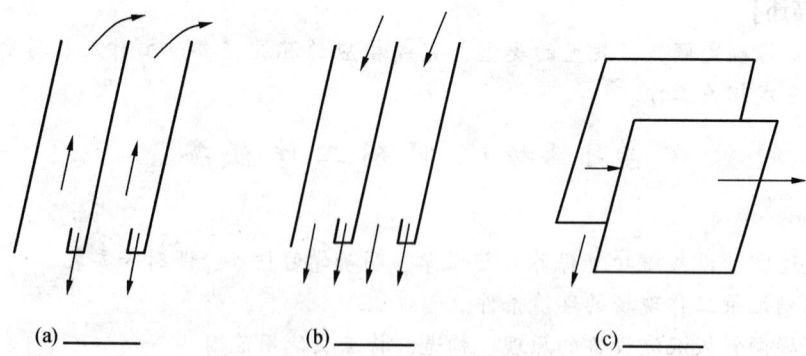

(a) _____　　　　(b) _____　　　　(c) _____

（3）斜板的入料形式及特点是什么？

（4）请标注圆锥形倾斜板沉淀池结构名称。

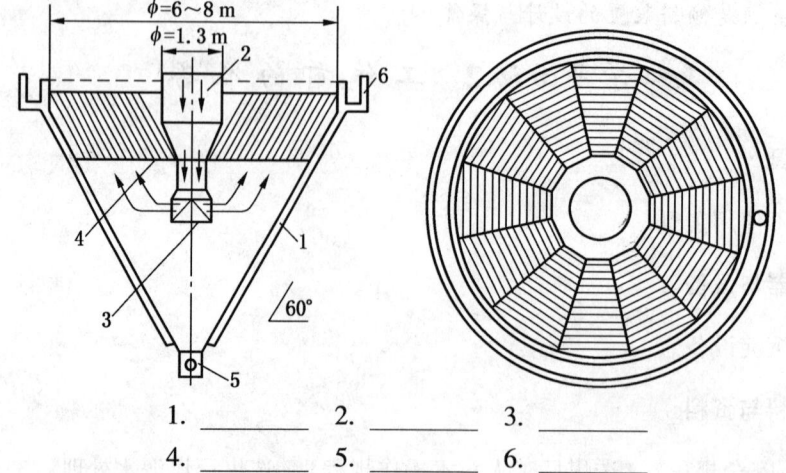

1. _____　2. _____　3. _____
4. _____　5. _____　6. _____

(5) 倾斜板的设计包括哪些内容？

二、应会任务

倾斜板沉淀设备的检修与安装过程。

学习活动 4 总结与评价

一、应知部分考核标准

每题 20 分，满分 100 分。授课过程中可以根据需要增加应知部分考核内容，例如填空、判断、选择等考核题型。相应的配分标准根据实际考核情况做修改。

二、应会部分考核标准

学生综合评价表

专业		班级		姓名	
序号	评分内容	评分标准		扣分原因	得分
1	工作页填写情况 （15 分）	（1）工作页填写错一题扣 5 分。 （2）工作页填写不工整扣 5 分。 （3）工作页填写不完整扣 5 分			
2	遵守安全情况 （20 分）	（1）严格遵守实训安全要求及注意事项得 20 分。 （2）违反一项扣 5 分			
3	学习目标 完成情况 （65 分）	（1）应知内容熟练掌握得 25 分。 （2）应会内容操作或手指口述熟练无误得 40 分。 （3）操作或手指口述不熟每项内容酌情扣 5～10 分。 （4）操作或手指口述错误每项内容酌情扣 5～10 分			
总分					

三、教师评价

学习任务三　水力旋流器

本学习任务为中级工、高级工都应掌握的技能。

【学习目标】

(1) 通过阅读设备维护（保养）记录单和现场勘查，明确学习任务要求。

(2) 根据任务要求和实际情况，合理制订工作（学习）计划。

(3) 掌握水力旋流器的原理、构造、布置方式与使用调节方法。

(4) 正确操作水力旋流器。

【建议课时】

中级工：4课时。高级工：8课时。

【工作情景描述】

工作人员接到任务后，能正确按要求操作水力旋流器，并按要求填写设备维护（保养）记录单。

学习活动1　明确工作任务

【学习目标】

(1) 通过阅读设备维护（保养）记录单和现场勘查，明确学习任务要求。

(2) 准确记录工作现场的环境条件。

(3) 掌握水力旋流器的原理。

【建议课时】

中级工：2课时。高级工：4课时。

【任务】

通过阅读设备维护（保养）记录单，明确学习任务、课时等要求；能根据任务要求准确记录工作现场的环境条件并掌握水力旋流器的原理、构造、布置方式与使用调节方法。

学习活动2　工作前的准备

一、工具

本活动不使用工具。

二、仪器与设备

水力旋流器实训设备。

三、材料与资料

《选煤厂安全规程》《选煤厂工人技术操作规程》《选煤厂煤泥水处理》。

学习活动 3 现 场 施 工

【学习目标】
（1）熟练掌握本活动安全知识，并按照安全要求进行操作。
（2）正确操作水力旋流器。

【建议课时】
中级工：2 课时。高级工：4 课时。

一、应知任务

（1）标出水力旋流器的构造名称。

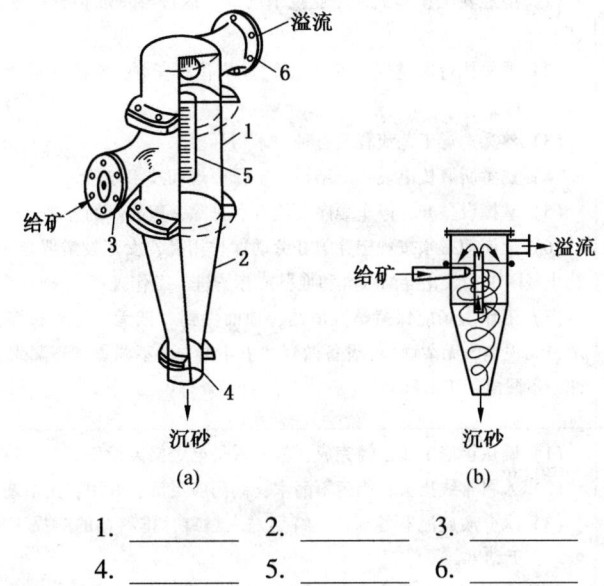

1. _____ 2. _____ 3. _____
4. _____ 5. _____ 6. _____

（2）水力旋流器的优缺点是什么？

（3）水力旋流器的工作原理是什么？

（4）水力旋流器结构参数有哪些？

(5) 水力旋流器操作参数有哪些？

二、应会任务

分级旋流器操作工作业规程

项目	作业程序	作业标准	安全要点
班前准备		（1）应经安全和本工种专业技术培训，通过考试取得合格证后，持证上岗。 （2）严格执行《选煤厂安全规程》、岗位责任制、交接班制度和其他有关规定。 （3）熟悉选煤工艺流程及各种技术指标要求。 （4）熟悉所属机电设备的结构、工作原理和技术参数。 （5）掌握设备开、停车顺序及检查和排除一般故障的方法。 （6）上岗前必须按规定穿戴好劳动保护用品，女工发辫要盘入帽内，禁止戴围巾，禁止穿高跟鞋和拖鞋或赤脚进入工作现场。 （7）工作现场应保持整齐清洁，地面做到"四无"（无积煤、无积水、无积尘、无杂物），设备做到"五不漏"（不漏煤、不漏水、不漏油、不漏电、不漏气）	
作业	开车前准备	（1）确认检修工作已经完成，检修人员已经撤离设备。 （2）入料管线接头、阀门不漏水，阀门应灵活、好用，无堵塞现象。 （3）水介质旋流器各部位，特别是入料口、排料口的磨损不能超过要求，无堵塞。 （4）水介质旋流器的可调部件完整、灵活。 （5）系统内各仪表（如压力表、流量表、料位计等）应灵敏可靠、停车时指示应在相应的位置。 （6）确认一切正常后，向调度发出可以开车信号	
	开车	（1）就地开车时，接到调度的开车指令，按下启动按钮开车；集控开车时，由调度进行集中控制开车。 （2）设备运转正常后向调度汇报	
	运行	（1）水介质旋流器给料后，观察仪表显示的流量、入料压力以及排料口排料的形状和浓度，了解其工作效果。 （2）水介质旋流器的操作因素有入料压力、入料浓度、入料量、中心管高度和底流排放方式。一般数据如下： ①入料压力通常取0.05～0.3 MPa。提高入料压力，可使流量增加，改善分级效果，提高底流浓度，但底流口磨损大，动力消耗增加。 ②入料浓度对分级效率和底流浓度有很大影响。分级粒度越细，入料浓度应越低，低浓度能获得较好的分级效果。分级时给料浓度一般控制在250 g/L以下。	

(续)

项目	作业程序	作业标准	安全要点
作业	运行	③中心管高度是一个重要的操作因素，用于精选时，提高中心管高度可降低溢流产品灰分，反之则使底流灰分增加。中心管位置不合适将使旋流器工作紊乱。 ④底流的排放方式对分级效果影响很大，以使底流连续呈伞状旋转排出为好；底流呈柱状甚至间断排放，表明旋流器中部的空气柱被破坏，从而使溢流跑粗，分级效果降低。 ⑤处理微细原料时，应采用较高给料压力或多台小直径旋流器并联工作。 （3）根据水介质旋流器的用途，检查底流、溢流的浓度、粒度组成和灰分，以判断旋流器的工作效率。 （4）在正常情况下，旋流器的入料闸门应全开，入料压力可通过调整入料管上阀门进行控制。 （5）应与来料泵司机保持密切联系，随时通报入料压力、浓度等变化情况，力求稳定旋流器的工艺参数，以保持良好的工作效果。 （6）发现旋流器底流中含过多粗粒度时，应及时与上道工序分级设备的司机联系，促使其提高分级效果，减轻旋流器不必要的负荷和损失。 （7）根据原料的数量和旋流器工艺参数要求，决定水介质旋流器的开动台数	
	特殊情况处理	（1）必须定期检测水介质旋流器各主要部件的磨损情况，发现超限应及时更换。 （2）水介质旋流器上的检测仪表（如压力表、流量表、密度计等）显示不准或不动，应及时维护或更换。 （3）水介质旋流器排料口有时被杂物堵塞而断流，应及时将杂物排除，以保证其正常工作。 （4）调整中心管高度是水介质旋流器操作的重要因素，如调节失灵或磨损过多不能达到可调目的时，应立即停车处理	
	停车操作	（1）接到停车信号后，立即通知来料泵司机停车；停料后，关闭相应的闸门。 （2）检查清理旋流器入料口、排料口的杂物。 （3）检查有关管道、阀门有无漏水、堵塞、开启不灵的现象，发现问题及时处理。 （4）定期检查入料口、排料口、中心管及内衬的磨损情况，应通过实测来确定其磨损是否超限，严格按规定更换磨损部件。 （5）检查各仪表，如压力表、流量表、浓度计，发现不正常，应及时处理。 （6）按规定填写岗位记录，做好交接班工作	
交班	交班前准备	做好本岗位文明卫生工作	

(续)

项目	作业程序	作业标准	安全要点
交班	向接班司机汇报情况	主动向接班司机汇报本班工作情况及设备运行注意事项	
	现场检查及试运转	协调接班司机一起对设备进行一次详细检查，并对设备进行试运转	

学习活动4 总结与评价

一、应知部分考核标准

每题20分，满分100分。授课过程中可以根据需要增加应知部分考核内容，例如填空、判断、选择等考核题型。相应的配分标准根据实际考核情况做修改。

二、应会部分考核标准

分级旋流器操作工作业考核评价标准

项目	作业程序	扣分原因	得分
班前准备（25分）	执行《选煤厂安全规程》岗位责任制、交接班制度和其他有关规定的有关程序（25分）		
作业（60分）	开车前准备（4分）		
	开车（6分）		
	运行（25分）		
	停车（10分）		
	特殊情况处理（15分）		
交班（15分）	交班前准备（2分）		
	向接班司机汇报情况（2分）		
	现场检查及试运转（5分）		
	问题处理（4分）		
	履行交班手续（2分）		
总分（100分）			

三、教师评价

模块三　煤泥水处理中混凝剂的使用

煤泥水处理是选煤厂重要且复杂的生产工艺。在煤泥水处理时,利用加入化学药剂使煤泥水中的悬浮物以较大颗粒或松散絮团的形式沉降分离的方法叫混凝处理。它是目前煤泥水深度澄清的主要手段之一。采用无机混凝剂,如 $FeCl_3$、明矾、石灰等进行的混凝处理一般称为凝聚;用高分子化合物,如聚丙烯酰胺等作混凝剂进行的混凝处理一般称为絮凝。进行这样区分的主要原因是两者的作用机理、沉降过程和应用场合有较大的差异。在工程实际中,絮凝和凝聚在很多情况下是混用的。就目前的煤泥水处理系统而言,一般采用适当的絮凝或凝聚技术,即添加高效的絮凝剂或凝聚剂,以加速煤泥水的净化、沉淀,使煤泥水可重复使用,从而达到节约水资源、降低成本的目的,否则很难经济、有效地实现煤泥水的闭路循环,满足环境保护对煤泥水处理的要求。其中,絮凝剂添加是一个重要而复杂的过程,絮凝剂添加的及时与否以及添加量的多少直接关系到煤泥水澄清液的浓度和澄清速度的快慢,直接关系到选煤厂洗出精煤的质量和产量。

学习任务一　煤泥水处理中干粉状絮凝剂制备

本学习任务为中级工、高级工都应掌握的技能。

【学习目标】

(1) 巩固书本中所学的干粉状絮凝剂相关知识。

(2) 掌握干粉絮凝剂制备时的基本操作和注意事项。

(3) 掌握干粉絮凝剂制备时设备检修及故障排查的方法。

【建议课时】

中级工:3课时。高级工:5课时。

【工作情景描述】

煤泥水处理时,利用加入化学药剂使煤泥水中的悬浮物以较大颗粒或松散絮团的形式沉降分离,现在提供的是干粉状药剂时,需如何制备得到水处理所需要的絮凝剂。

学习活动1　明确工作任务

【学习目标】

(1) 了解干粉絮凝剂制备系统流程、原理。

(2) 掌握干粉絮凝剂制备时的基本操作和注意事项。

(3) 掌握干粉絮凝剂制备时设备检修及故障排查的方法。

【建议课时】

中级工:1课时。高级工:2课时。

【任务】

通过学习干粉絮凝剂制备系统作业流程和原理，掌握干粉絮凝剂制备时设备检修及故障排查的方法，能够进行设备故障排查。

学习活动2　工作前的准备

一、工具

本活动不使用工具。

二、仪器与设备

絮凝剂制备系统。

三、材料与资料

粉状凝聚剂配制流程图。

学习活动3　现　场　施　工

【学习目标】

(1) 掌握干粉絮凝剂制备时开机的操作及所要符合的条件。

(2) 掌握干粉絮凝剂制备时停机的操作及所要注意的问题。

(3) 掌握干粉絮凝剂制备时设备调试及故障排查的方法。

【建议课时】

中级工：2课时。高级工：3课时。

一、应知任务

(1) 简述絮凝剂的定义。

(2) 絮凝剂的作用机理是什么？

(3) 影响絮凝剂作用效果的工艺条件是什么？

(4) 根据下图简述絮凝剂制备系统流程。

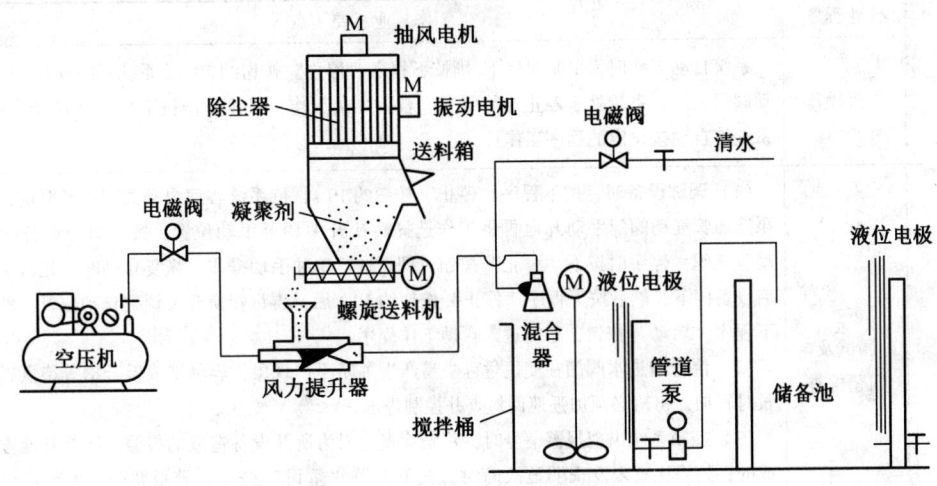

(5) 填写干粉絮凝剂制备流程。

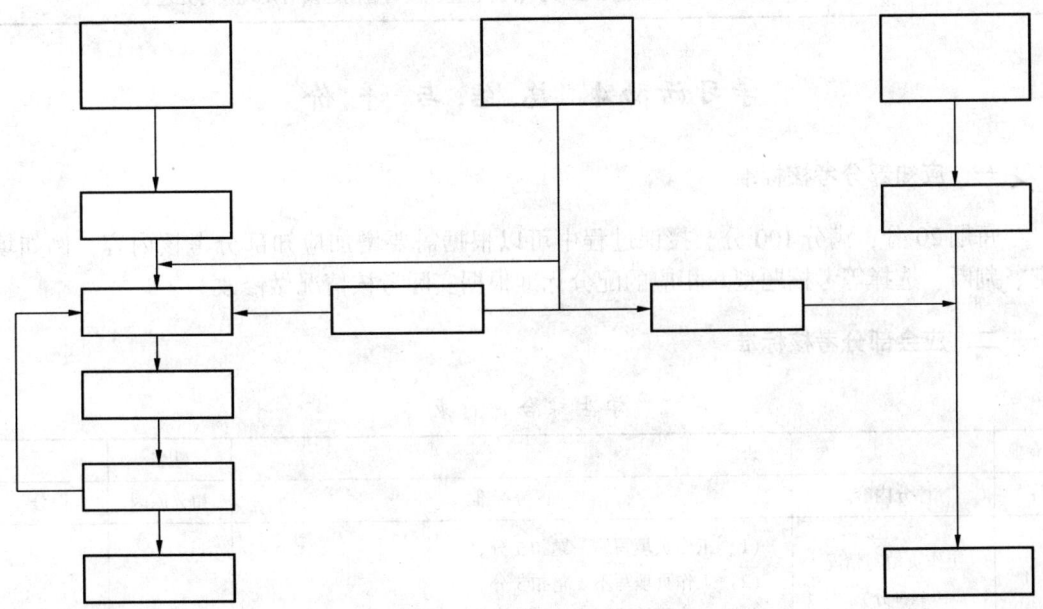

二、应会任务

干粉絮凝剂制备时机器操作流程

序号	作业程序	作业要点
1	开机操作	(1) 将控制柜上的工作选择的转换开关调到自动位置,然后按下程序"停止"按钮等待10 s,再按下程序"启动"按钮,配制系统处于自动工作状态。 (2) 混合槽液位低于设定值9%以下时,系统开始自动下料进水搅拌,待成品贮槽液位低于设定值70%时,输送泵开始向贮槽内输送配制好的絮凝剂混合液

(续)

序号	作业程序	作 业 要 点
2	停机操作	系统自动工作时需要临时停下,则按下程序"停止"按钮约10 s,系统程序自动关闭,气动阀门关闭,系统处于停止等待状态。若要再次工作,只需重新按下程序"启动"按钮,系统将自动按设定的程序工作
3	调试及问题排查	(1) 调试设备时,按下程序"停止"按钮约10 s,待系统程序自动关闭。开泵前,先将泵连通管气动阀门手动开启再将工作选择转换开关调至手动位置,按下对应设备的"启动"按纽;停泵时按下"停止"按钮,即可进行单独手动操作。恢复自动时,先将手动开启设备停下,然后按下程序"停止"按钮约10 s后,再将转换开关调到自动位置,然后按下程序"启动"按钮,系统进入自动工作程序。 (2) 混合槽进水阀门在使用过程中易产生关闭不严现象,容易造成混合槽等待供料时间长时冒槽,每班必须加强巡回检查并控制进水。 (3) 控制系统出现报警信号时,首先检查是因为所开设备造成的报警,还是其他方面造成的;如果检查未发现明显故障时,按下报警"重设"按钮,警报解除,再重新启动设备。如果设备无法重新启动,通知有关人员进行检查处理。电动机使用时无变频保护,操作人员对电动机和泵应加强维护、勤检查,做到有问题及时发现及时处理

学习活动4 总结与评价

一、应知部分考核标准

每题20分,满分100分。授课过程中可以根据需要增加应知部分考核内容,例如填空、判断、选择等考核题型。相应的配分标准根据实际考核情况做修改。

二、应会部分考核标准

学生综合评价表

专业		班级		姓名	
序号	评分内容	评分标准		扣分原因	得分
1	工作页填写情况 (15分)	(1) 工作页填写错一题扣5分。 (2) 工作页填写不工整扣5分。 (3) 工作页填写不完整扣5分			
2	遵守安全情况 (20分)	(1) 严格遵守实训安全要求及注意事项得20分。 (2) 违反一项扣5分			
3	学习目标完成情况 (65分)	(1) 应知内容熟练掌握得25分。 (2) 应会内容操作或手指口述熟练无误得40分。 (3) 操作或手指口述不熟,每项内容酌情扣5~10分。 (4) 操作或手指口述错误,每项内容酌情扣5~10分			
总分					

三、教师评价

学习任务二 煤泥水处理中液态絮凝剂制备

本学习任务为中级工、高级工都应掌握的技能。

【学习目标】
(1) 巩固书本中所学的液态絮凝剂相关知识。
(2) 掌握液态絮凝剂制备时的基本操作和注意事项。
(3) 掌握液态絮凝剂制备时设备调试及故障排查的方法。

【建议课时】
中级工：3课时。高级工：5课时。

【工作情景描述】
在煤泥水处理时，利用加入化学药剂使煤泥水中的悬浮物以较大颗粒或松散絮团的形式沉降分离，现在提供的是液态药剂时，需如何制备得到水处理所需要的絮凝剂。

学习活动1 明确工作任务

【学习目标】
(1) 了解液态絮凝剂制备系统流程、原理。
(2) 掌握液态絮凝剂制备时停机的操作及所要注意的问题。
(3) 掌握液态絮凝剂制备时设备调试及故障排查的方法。

【建议课时】
中级工：1课时。高级工：2课时。

【任务】
通过学习液态絮凝剂制备系统作业流程和原理，掌握液态絮凝剂制备时机器检修及问题排查的方法，能够进行设备故障排查。

学习活动2 工作前的准备

一、工具

本活动不使用工具。

二、仪器与设备

液态絮凝剂制备系统、滤清器、电源控制柜。

三、材料与资料

液态絮凝剂制备流程图。

学习活动3　现　场　施　工

【学习目标】

(1) 掌握液态絮凝剂制备时开机的操作及所要符合的条件。

(2) 掌握液态絮凝剂制备时停机的操作及所要注意的问题。

(3) 掌握液态絮凝剂制备时设备调试及故障排查的方法。

【建议课时】

中级工：2课时。高级工：3课时。

一、应知任务

(1) 絮凝剂的分类有哪些？

(2) 絮凝剂的结构是什么？

(3) 絮凝剂的制备和性能有哪些？

(4) 简述液态絮凝剂制备系统流程。

(5) 简述液态絮凝剂制备原理。

二、应会任务

液态絮凝剂制备时操作流程

序号	作业程序	作业要点
1	开机操作	（1）检查完毕后，确认可以开启设备时，先按下程序"停止"按钮约 10 s，然后再按下程序"启动"按钮，系统才能处于自动工作状态。 （2）确定絮凝剂的添加量（可根据沉降槽的状况通过计桶每分钟加入量来确定），在控制柜上调整絮凝剂给料泵的转速微调电位器，得到生产要求的配制量（絮凝剂给料泵转速的调整只能在现场控制柜上调整，主控室无法控制）。 （3）在无特殊情况下，絮凝剂的自动程序操作不要随意变更，如果确实需要改变操作方式则操作完毕后做好交接班记录，每班必须有专人进行具体操作。 （4）使用手动操作时，先按下液态絮凝剂系统的程序"停止"按钮约 10 s，待自动程序完全停下后，将工作选择的转换开关调到手动位置，将所需要开启的设备转换开关调到相对应的设备；泵连通管阀门也要与所开设备一致，确认可以开泵后，再按下设备的"启动"按钮开始工作。停止手动操作后，先停泵，然后按下程序"停止"按钮约 10 s，将控制模式转换开关调到自动位置，再按下程序"启动"按钮系统才能自动操作
2	问题排查与机器维护	（1）系统使用过程中，控制系统出现报警信号时，应对所开设备进行检查（包括电动机温度、泵的进出口阀门控制、贮槽的液位、稀释水的供应、管道压力、气动阀门的工作状态等）。如果检查确认没有明显故障时，按下警报"重设"按钮，待警报解除后，重新启动设备。若设备无法重新启动时，通知有关人员进行处理。 （2）输送泵电动机无变频保护时操作人员必须对电动机和泵进行检查维护，保证设备正常工作

学习活动 4　总结与评价

一、应知部分考核标准

每题 20 分，满分 100 分。授课过程中可以根据需要增加应知部分考核内容，例如填空、判断、选择等考核题型。相应的配分标准根据实际考核情况做修改。

二、应会部分考核标准

学生综合评价表

专业		班级		姓名	
序号	评分内容	评分标准		扣分原因	得分
1	工作页填写情况 （15 分）	（1）工作页填写错一题扣 5 分。 （2）工作页填写不工整扣 5 分。 （3）工作页填写不完整扣 5 分			
2	遵守安全情况 （20 分）	（1）严格遵守实训安全要求及注意事项得 20 分。 （2）违反一项扣 5 分			

(续)

序号	评分内容	评分标准	扣分原因	得分
3	学习目标完成情况（65分）	（1）应知内容熟练掌握得25分。 （2）应会内容操作或手指口述熟练无误得40分。 （3）操作或手指口述不熟，每项内容酌情扣5~10分。 （4）操作或手指口述错误，每项内容酌情扣5~10分		
总分				

三、教师评价

学习任务三　煤泥水处理中絮凝剂计量输送泵的使用

本学习任务为中级工、高级工都应掌握的技能。

【学习目标】

（1）巩固书本中所学的絮凝剂计量相关知识。

（2）掌握絮凝剂计量输送泵使用时的基本操作和注意事项。

（3）掌握絮凝剂计量输送泵检修及设备故障排查与维护。

【建议课时】

中级工：3课时。高级工：5课时。

【工作情景描述】

在煤泥水处理时，利用加入化学药剂使煤泥水中的悬浮物以较大颗粒或松散絮团的形式沉降分离，现在已提供给干粉状或液态絮凝剂时，需如何控制好絮凝剂的计量，以加速煤泥水的净化、沉淀，使煤泥水达到可重复使用的目的，从而达到节约水资源、降低成本。

学习活动1　明确工作任务

【学习目标】

（1）巩固书本中所学的絮凝剂计量相关知识。

（2）掌握絮凝剂计量输送泵使用时的基本操作和注意事项。

【学习课时】

中级工：1课时。高级工：2课时。

【任务】

根据提供给的干粉状或液态絮凝剂回顾所学的絮凝剂计量相关知识，掌握絮凝剂计量输送泵使用时的基本操作和注意事项。

学习活动2 工作前的准备

一、工具

本活动不使用工具。

二、仪器与设备

絮凝剂输送泵。

三、材料与资料

絮凝剂自动添加系统中的絮凝剂计量输送泵示意图。

学习活动3 现 场 施 工

【学习目标】

(1) 掌握絮凝剂计量输送泵使用时的基本操作和注意事项。
(2) 掌握絮凝剂计量输送泵检修及设备故障排查与维护。

【学习课时】

中级工：1课时。高级工：2课时。

一、应知任务

(1) 絮凝剂的作用机理是什么？

(2) 液态絮凝剂制备的原理是什么？

(3) 简述液态絮凝剂制备系统流程。

(4) 液态絮凝剂制备时如何调试机器？

（5）液态絮凝剂制备时排查问题的方法是什么？

二、应会任务

叙述絮凝剂计量输送泵示意图的含义。

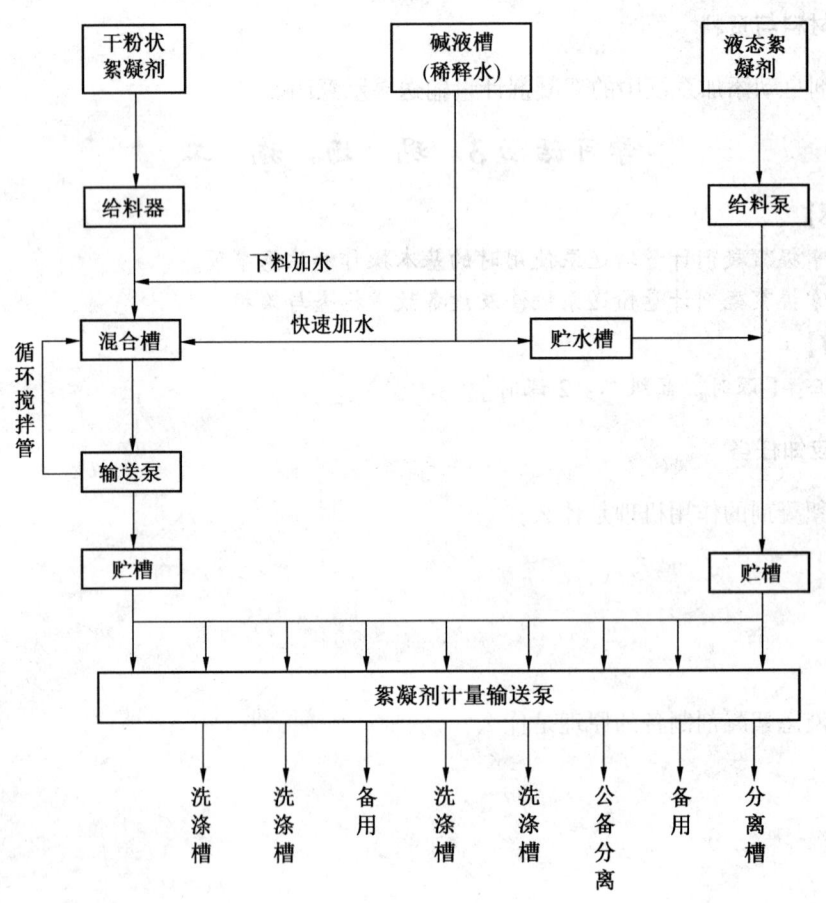

学习活动4 总结与评价

三、应知部分考核标准

每题20分，满分100分。授课过程中可以根据需要增加应知部分考核内容，例如填空、判断、选择等考核题型。相应的配分标准根据实际考核情况做修改。

四、应会部分考核标准

学生综合评价表

专业		班级		姓名	
序号	评分内容	评分标准		扣分原因	得分
1	工作页填写情况 （15分）	（1）工作页填写错一题扣5分。 （2）工作页填写不工整扣5分。 （3）工作页填写不完整扣5分			
2	遵守安全情况 （20分）	（1）严格遵守实训安全要求及注意事项得20分。 （2）违反一项扣5分			
3	学习目标 完成情况 （65分）	（1）应知内容熟练掌握得25分。 （2）应会内容操作或手指口述熟练无误得40分。 （3）操作或手指口述不熟，每项内容酌情扣5~10分。 （4）操作或手指口述错误，每项内容酌情扣5~10分			
总分					

五、教师评价

模块四　煤泥脱水及回收设备

在选煤厂，用于煤泥脱水及回收的设备有很多，目前比较理想的设备有脱水筛，它的使用可以大大降低企业的投资成本，也提高了煤的产量和品质，同时有效解决了煤泥污染问题；压滤机主要用于黏度大、颗粒细的化工产品脱水和选矿厂精矿脱水等作业，脱水效率高、效果好，适应性强，且压滤脱水后尾矿的处理方式灵活，因此被广泛应用。

学习任务一　脱　水　筛

本学习任务为中级工、高级工都应掌握的技能。

【学习目标】

(1) 通过阅读设备维护（保养）记录单和现场勘查，明确学习任务要求。
(2) 根据任务要求和实际情况，合理制订工作（学习）计划。
(3) 了解脱水筛的主要使用类型（以集团公司现用设备为主）。
(4) 了解脱水筛的工作原理。
(5) 正确认识脱水筛各零部件的组成。
(6) 正确使用与维护脱水筛。

【建议课时】

中级工：4课时。高级工：8课时。

【工作情景描述】

某矿脱水筛安装完毕后试运行正常，其脱水设备需要进行维护、保养，工作人员接到设备维护（保养）记录单后，按要求完成相关工作。

学习活动1　明确工作任务

【学习目标】

(1) 了解煤泥脱水的主要使用设备及工作注意事项。
(2) 了解集团公司洗煤厂脱水筛的种类，明确学习任务、课时分配等要求。
(3) 准确记录工作现场的环境条件。

【建议课时】

中级工：2课时。高级工：4课时。

【任务】

接到任务后，工作人员应全面检查脱水筛运行前各零部件的功能，了解维护（保养）前脱水筛的运行情况，确定维护（保养）具体任务；重点是熟悉主要脱水筛的使用与维护。

学习活动2　工作前的准备

一、工具

本任务不使用工具。

二、仪器与设备

直线筛、高频筛。

三、材料与资料

直线筛、高频筛的使用说明书，振动筛司机作业标准。

学习活动3　现　场　施　工

【学习目标】

(1) 熟练掌握本活动安全知识，并按照安全要求进行操作。
(2) 正确操作脱水筛。
(3) 正确对脱水筛进行保养和维护。

【建议课时】

中级工：2课时。高级工：4课时。

一、应知任务

1. 简述脱水筛的工作原理。

2. 脱水筛的结构有哪些？

3. 选煤厂煤泥脱水常用的脱水筛有哪些？

4. 香蕉筛的优点有哪些？

5. 高频筛的优点有哪些?

二、应会任务

振动筛作业规程

项目	作业程序	作业标准	安全要点
班前准备	执行《选煤厂通用规程及标准》的有关要求	执行《选煤厂通用规程及标准》的有关要求	执行《选煤厂通用规程及标准》的有关要求
接班	进入接班地点	按指定岗位,准时进入规定的接班地点	
	询问工作情况	了解设备运行情况、遗留问题和本班注意事项	
	现场检查及试车	(1) 根据交班情况进行核对性检查,包括设备运转情况、卫生及岗位文明。 (2) 检查设备各润滑部位是否良好,各部件螺栓齐全,紧固无松动。检查减速器油量够不够,油质是否符合规定。 (3) 检查安全防护装置是否安全可靠。 (4) 检查控制箱、通信、照明是否完好,接地保护是否可靠,控制按钮是否灵活。 (5) 检查各弹簧有无损坏、缺失、疲劳、断裂、失效等现象。 (6) 检查三角带是否张紧,筛箱、筛板有无断裂,铆钉螺栓是否松动。 (7) 检查筛板是否堵塞,筛面要平整、无破损、松动现象。 (8) 检查进出料溜槽、漏斗是否畅通。 (9) 检查横梁有无开焊现象。 (10) 检查激振器的通气孔必须通气	试车时,必须检查周围环境,情况不明,禁止中控室启动设备
	问题处理	交接班司机协调一起把检查及试运转中出现的问题及时进行处理,不能处理的及时向有关部门汇报	
	履行手续	按规定履行交班手续后下班	

（续）

项目	作业程序	作业标准	安全要点
作业	启动前准备	交接班完成后，请求中控室启动电机	(1) 应空负荷启动，如果由于拉料等原因出现压筛现象，应立即停车处理。 (2) 运转中发现筛子振动及电机轴承有异常声音，应立即停车处理。 (3) 运转中，不许跳到筛板上打楔子或紧固筛板螺丝等
	启动	集控起车时，司机应站在设备附近。监视设备启动后，发现异常立即请求中控室停机，并向调度员汇报	
	运行	(1) 振动筛司机要严格坚守工作岗位，不得随意离开。 (2) 经常检查电动机、激振器温度和声音。 (3) 观察筛子振动情况，四角振幅是否一致，有无漏料现象，振幅是否太大，发现问题要及时汇报。 (4) 观察筛分效果，检查出入料溜槽是否畅通。 (5) 检查筛下物的粒度是否符合规定	
	停机	(1) 接到停车信号后，待筛子物料走完后，方可发送停车信号给中控室。 (2) 停车时观察筛子在通过共振点时与其他设备有无碰撞现象，振幅是否太大，发现问题要及时汇报	
	特殊情况处理	(1) 当发现以下情况时，必须立即请求停车： ①遇到危及人身安全及设备安全时； ②有铁器等金属物或其他物件落入振动筛； ③筛网大面积破损； ④筛网松动； ⑤排料溜槽堵塞； ⑥电机温度异常； ⑦筛箱严重摆动； ⑧激振器地脚螺栓松动； ⑨其他异常情况。 (2) 及时通知调度及当班班长，处理事故时，司机要积极配合。 (3) 问题及故障排除后，立即向调度员汇报，确认安全后，中控室重新启动设备	
交班	交班前准备	做好本岗位文明卫生工作	
	向接班司机汇报情况	主动向接班司机汇报本班工作情况及设备运行注意事项	
	现场检查及试运转	协调接班司机一起对设备进行一次详细检查，并对设备进行试运转	
	问题处理	(1) 把检查运转发现的问题协调一起进行处理。 (2) 不能处理的问题要向有关部门汇报	
	履行交班手续	按规定履行交班手续后下班	

学习活动4 总 结 与 评 价

一、应知部分考核标准

每题20分，满分100分。授课过程中可以根据需要增加应知部分考核内容，例如填空、判断、选择等考核题型。相应的配分标准根据实绩考核情况做修改。

二、应会部分考核标准

学生综合评价表

专业		班级		姓名	
序号	评分内容	评分标准		扣分原因	得分
1	工作页填写情况 （15分）	（1）工作页填写错一题扣5分。 （2）工作页填写不工整扣5分。 （3）工作页填写不完整扣5分			
2	遵守安全情况 （20分）	（1）严格遵守实训安全要求及注意事项得20分。 （2）违反一项扣5分			
3	学习目标 完成情况 （65分）	（1）应知内容熟练掌握得25分。 （2）应会内容操作或手指口述熟练无误得40分。 （3）操作或手指口述不熟，每项内容酌情扣5～10分。 （4）操作或手指口述错误，每项内容酌情扣5～10分			
总分					

三、教师评价

学习任务二 压 滤 机

本学习任务为中级工、高级工都应掌握的技能。

【学习目标】

(1) 通过阅读设备维护（保养）记录单和现场勘查，明确学习任务要求。
(2) 根据任务要求和实际情况，合理制订工作（学习）计划。
(3) 熟练掌握压滤机的工作原理。
(4) 正确认识压滤机各零部件的组成、使用与维护和有关电气的基本知识。
(5) 了解集团公司各矿压滤机的种类，明确学习任务、课时分配等要求。
(6) 准确记录工作现场的环境条件。

(7) 熟悉压滤机的操作、检查、分析及防止和排除故障的方法。

【建议课时】

中级工：4 课时。高级工：8 课时。

【工作情景描述】

某矿压滤机安装完毕后试运行正常，其压滤机设备需要进行维护、保养，工作人员接到设备维护（保养）记录单后，按要求完成相关工作。

学习活动1　明确工作任务

【学习目标】

(1) 了解集团公司各矿压滤机的种类，明确学习任务、课时分配等要求。
(2) 正确认识压滤机各零部件的组成、使用与维护的基本知识。
(3) 准确记录工作现场的环境条件。

【建议课时】

中级工：2 课时。高级工：4 课时。

【任务】

在接到任务后，工作人员应全面检查压滤机运行前各部件的功能，了解维护（保养）前压滤机的运行情况，确定维护（保养）具体任务。

学习活动2　工作前的准备

一、工具

本活动不使用工具。

二、仪器与设备

快开式隔膜压滤机。

三、材料与资料

快开式隔膜压滤机的使用说明书。

学习活动3　现场施工

【学习目标】

(1) 熟练掌握本活动安全知识，并按照安全要求进行操作。
(2) 熟悉本岗位压滤机的设备维护保养方法。
(3) 正确操作压滤机。

【建议课时】

中级工：2 课时。高级工：4 课时。

一、应知任务

煤泥水处理工作页

1. 压滤机的分类有哪些？各自的用途分别是什么？

2. 箱式压滤机主要由哪几部分组成？

3. 影响压滤机工作效果的主要因素有哪些？

4. 快开式隔膜压滤机主要由哪几部分组成？

5. 绘制快开式隔膜压滤机中电气控制过程图。

6. 压滤机常见故障及处理办法有哪些？

7. 为什么压滤时出现滤液不清？如何解决？

8. 分析压滤时出现压力不足的原因有哪些？解决办法有哪些？

9. 滤板之间出现漏料的原因是什么？如何解决？

10. 滤板破裂的原因是什么？如何解决？

二、应会任务

压滤司机手指口述：
（1）个人劳保及岗位的安全防护设施完好，确认完毕。
（2）交接班本填写详细无漏，岗位卫生良好，确认完毕。
（3）检查水嘴、油位、仪表，传感器情况，确认完毕。
（4）检查液压系统工作程序、油箱油位、液压阀的位置情况，确认完毕。
（5）检查滤板、滤布、入料孔畅通情况，确认完毕。
（6）检查主机两侧的卸料装置情况，确认完毕。
（7）检查压滤机电机、液压阀工作情况，确认完毕。
（8）检查压滤机止推板运行情况，确认完毕。
（9）检查压滤机滤布、滤板使用情况，确认完毕。
（10）检查压滤机卸料情况，确认完毕。
（11）停车对滤布进行冲洗，确认完毕。
（12）需要检修时已停电挂牌，设专人监护，确认完毕。

学习活动4 总结与评价

一、应知部分考核标准

每题10分，满分100分。授课过程中可以根据需要增加应知部分考核内容，例如填空、判断、选择等考核题型。相应的配分标准根据实际考核情况做修改。

二、应会部分考核标准

学生综合评价表

专业		班级		姓名	
序号	评分内容	评分标准		扣分原因	得分
1	工作页填写情况 （15分）	（1）工作页填写错一题扣5分。 （2）工作页填写不工整扣5分。 （3）工作页填写不完整扣5分			

(续)

序号	评分内容	评分标准	扣分原因	得分
2	遵守安全情况 （20分）	（1）严格遵守实训安全要求及注意事项得20分。 （2）违反一项扣5分		
3	学习目标 完成情况 （65分）	（1）应知内容熟练掌握得25分。 （2）应会内容操作或手指口述熟练无误得40分。 （3）操作或手指口述不熟，每项内容酌情扣5~10分。 （4）操作或手指口述错误，每项内容酌情扣5~10分		
总分				

三、教师评价

模块五　煤泥水处理系统

煤泥水处理系统的选择取决于许多因素，而选定的煤泥水处理系统效果也取决于许多因素。随着原料的变化、用户的改变、环保的实施、相关科学技术的发展，煤泥水的流程、设备、方法、管理都在不断变化，不断地有新设备和新工艺出现，使之不断地趋于完善。总之，煤泥水处理系统是一个十分复杂和影响因素众多的系统工程。

学习任务一　煤泥水处理系统流程

本学习任务为中级工、高级工都应掌握的技能。
【学习目标】
（1）通过回顾学习煤泥水处理设备及相关理论知识，明确学习任务要求。
（2）根据任务要求和实际情况，合理制订工作（学习）计划。
（3）熟练掌握重介选煤，并能独立完成流程图的绘制。
（4）熟悉重介选煤与跳汰选煤的区分及应用。
（5）熟悉煤泥水的性质、特点。
（6）熟练掌握煤泥水处理的主要内容。
【建议课时】
中级工：4课时。高级工：8课时。
【工作情景描述】
某选煤厂设施完备，试运行正常，工作人员熟练掌握重介选煤的流程后，按要求完成相关工作。

学习活动1　明确工作任务

【学习目标】
（1）通过回顾学习煤泥水处理设备及相关理论知识，明确学习任务要求。
（2）了解集团公司洗煤厂煤泥水处理系统，明确学习任务、课时分配等要求。
【建议课时】
中级工：2课时。高级工：4课时。
【任务】
回顾学习煤泥水处理设备及相关知识，全面掌握各系统操作过程。

学习活动 2 工作前的准备

一、工具

本活动不使用工具。

二、仪器与设备

煤泥水处理相关设备。

三、材料与资料

选煤厂煤泥水处理流程图。

学习活动 3 现 场 施 工

【学习目标】

(1) 熟练掌握本活动安全知识，并按照安全要求进行操作。
(2) 熟悉重介选煤的区分及应用。
(3) 了解煤泥的分选、回收。
(4) 熟悉煤泥水的性质、特点。
(5) 掌握煤泥水处理的主要内容。

【建议课时】

中级工：2 课时。高级工：4 课时。

一、应知任务

1. 请结合下图简述混合跳汰—中煤重介—煤泥浮选流程。
2. 煤泥水处理的主要内容。

煤泥水处理的主要内容包括采用各种适应不同特点煤泥水的分级、浓缩、澄清、絮凝、分选和脱水等工艺、方法和设备，对不同特性（浓度、粒度、黏度、水质特点等）的煤泥水进行处理，完成资源的回收、选煤循环用水的净化和防止对环境的污染等一系列任务。

由于原煤性质、对选煤产品要求和所采用的洗水水质不同，造成煤泥水体系性质不同，所采用的煤泥水处理方法也就不同，即煤泥水处理的内容不同。

(1) 说明煤泥的分选、回收、脱水作业。

(2) 简述煤泥水的分级作业。

模块五 煤泥水处理系统

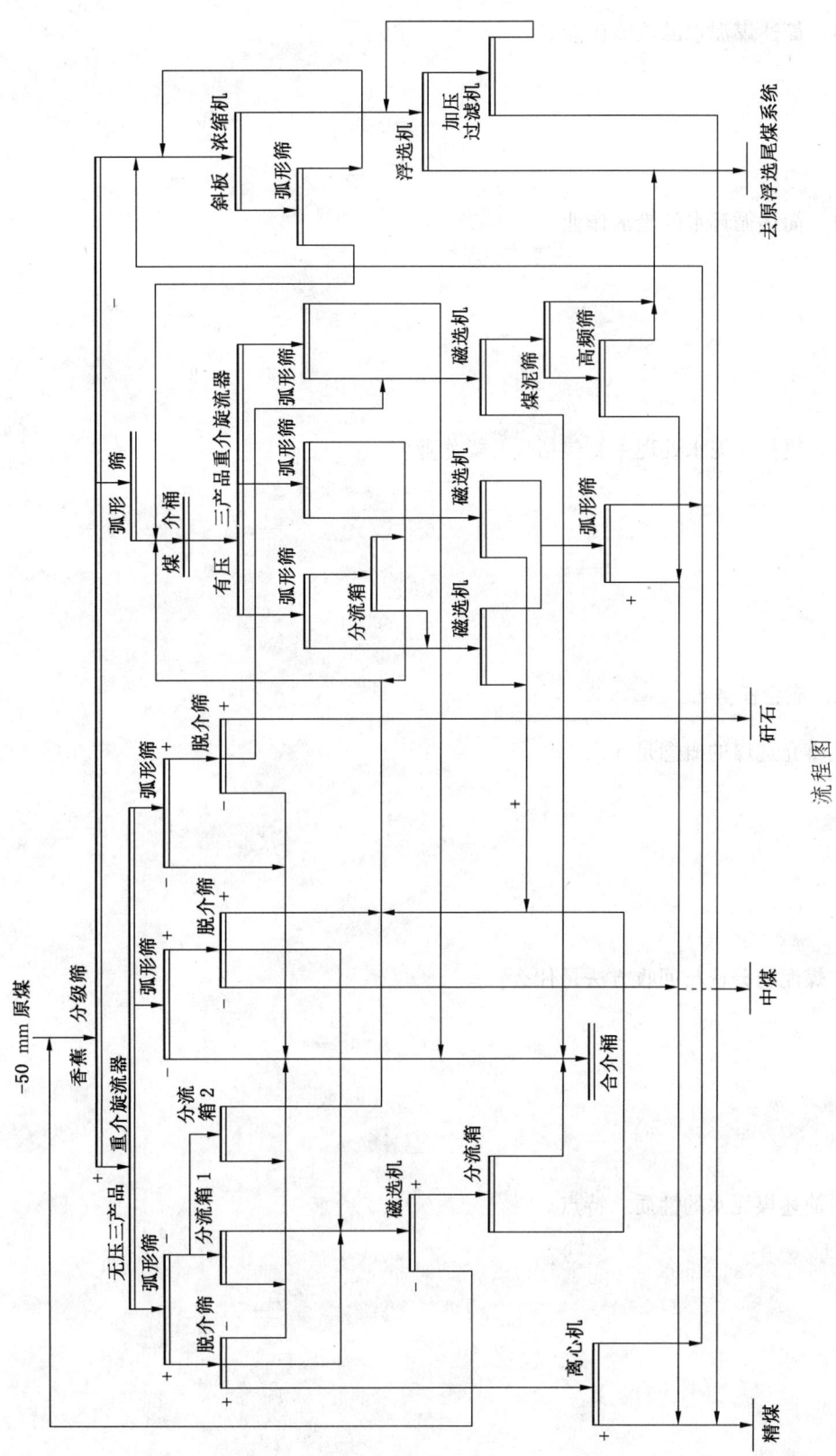

流程图

（3）简述煤泥水的浓缩作业。

（4）简述循环水的澄清作业。

（5）概括煤泥水处理主要包括哪几类作业？

二、应会任务

1. 重介选煤的概念是什么。

2. 煤泥的分选与回收方法是什么？

3. 简述煤泥水的性质、特点。

学习活动4 总结与评价

一、应知部分考核标准

应知部分每题50分,满分100分。授课过程中可以根据需要增加应知部分考核内容,例如填空、判断、选择等考核题型。相应的配分标准根据实际考核情况做修改。

二、应会部分考核标准

学生综合评价表

专业		班级		姓名	
序号	评分内容	评分标准		扣分原因	得分
1	工作页填写情况 (15分)	(1) 工作页填写错一题扣5分。 (2) 工作页填写不工整扣5分。 (3) 工作页填写不完整扣5分			
2	遵守安全情况 (20分)	(1) 严格遵守实训安全要求及注意事项得20分。 (2) 违反一项扣5分			
3	学习目标 完成情况 (65分)	(1) 应会内容操作或手指口述熟练无误得65分。 (2) 操作或手指口述不熟,每项内容酌情扣5~10分。 (3) 操作或手指口述错误,每项内容酌情扣5~10分			
总分					

三、教师评价

学习任务二 煤泥水处理的原则及评定指标

本学习任务为中级工、高级工都应掌握的技能。

【学习目标】

(1) 通过回顾学习煤泥水的性质、特点及其处理的主要内容,明确学习任务要求。
(2) 根据任务要求和实际情况,合理制订工作(学习)计划。
(3) 了解煤泥水处理的基本要求。
(4) 掌握煤泥厂内回收、洗水闭路循环的标准及影响因素。
(5) 掌握煤泥水处理的评定指标。

【建议课时】

中级工：5课时。高级工：10课时。

【工作情景描述】

某选煤厂设施完备，试运行正常，工作人员熟练掌握重介选煤的流程及煤泥水处理的内容后，按要求完成相关工作。

学习活动1　明确工作任务

【学习目标】

(1) 了解煤泥水处理设备及相关理论知识，明确学习任务要求。

(2) 了解集团公司洗煤厂煤泥水处理系统，明确学习任务、课时分配等要求。

(3) 掌握动力煤选煤厂煤泥水处理的原则流程。

【建议课时】

中级工：3课时。高级工：6课时。

【任务】

工作人员应全面掌握各系统的流程图及煤泥水处理的操作过程，并根据现场实际情况绘制流程图。

学习活动2　工作前的准备

一、工具

本活动不使用工具。

二、仪器与设备

煤泥水处理相关设备。

三、材料与资料

选煤厂煤泥水处理流程图。

学习活动3　现场施工

【学习目标】

(1) 熟练掌握本活动安全知识，并按照安全要求进行操作。

(2) 熟练掌握煤泥厂内回收、洗水闭路循环的标准及影响因素。

(3) 实现洗水闭路循环的措施。

(4) 掌握煤泥水处理的评定指标。

【建议课时】

中级工：2课时。高级工：4课时。

一、应知任务

1. 绘制并简述煤泥厂内回收流程。

2. 绘制并简述煤泥厂内、厂外联合回收流程。

3. 绘制并简述细煤泥分段处理流程。

4. 绘制并简述一段浓缩、分级及分别回收流程。

5. 简述煤泥厂内回收、洗水闭路循环的标准及影响因素。

二、应会任务

1. 简述煤泥水处理的基本要求及分类。

2. 动力煤选煤厂煤泥水处理的原则流程一般包含：①预浓缩煤泥水流程；②用浓缩机溢作浮选稀释用水的煤泥水流程；③部分浓缩、部分直接浮选的煤泥水流程；④直流式煤泥水流程；⑤部分循环、部分直接浮选的煤泥水流程。

请根据下面两个选煤厂原则流程分析说明煤泥水处理流程及采用二段浓缩、二段回收流程时应注意事项。

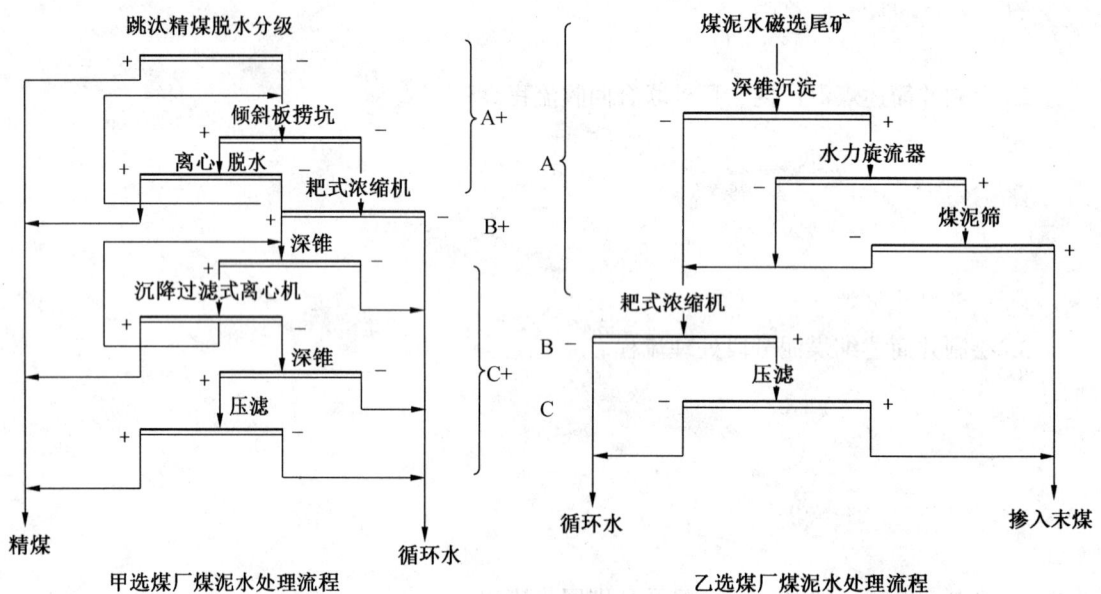

甲选煤厂煤泥水处理流程　　乙选煤厂煤泥水处理流程

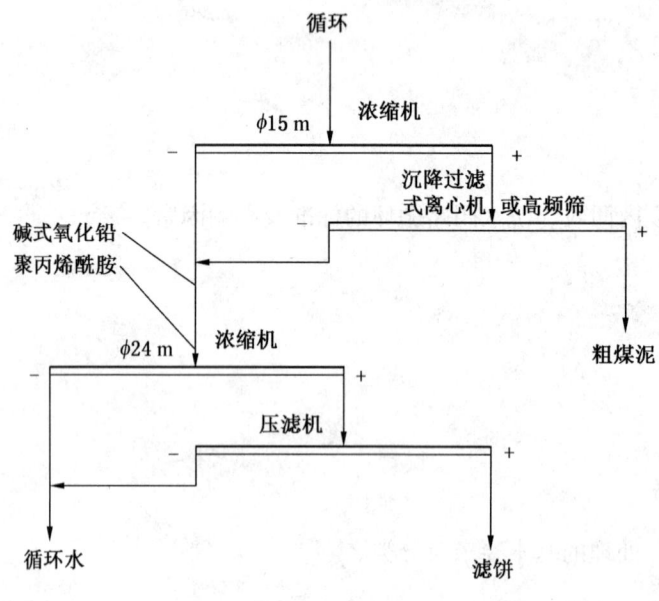

二段浓缩、二段回收流程

学习活动 4 总 结 与 评 价

一、应知部分考核标准

每题 20 分,满分 100 分。授课过程中可以根据需要增加应知部分考核内容,例如填空、判断、选择等考核题型。相应的配分标准根据实际考核情况做修改。

二、应会部分考核标准

学生综合评价表

专业		班级		姓名	
序号	评分内容	评分标准		扣分原因	得分
1	工作页填写情况 (15 分)	(1) 工作页填写错一题扣 5 分。 (2) 工作页填写不工整扣 5 分。 (3) 工作页填写不完整扣 5 分。			
2	遵守安全情况 (20 分)	(1) 严格遵守实训安全要求及注意事项得 20 分。 (2) 违反一项扣 5 分			
3	学习目标 完成情况 (65 分)	(1) 应会内容操作或手指口述熟练无误得 65 分。 (2) 操作或手指口述不熟,每项内容酌情扣 5~10 分。 (3) 操作或手指口述错误每项内容酌扣 5~10 分			
总分					

三、教师评价